工业机器人系列教材

工业机器人仿真

主　　编　陈铭钊　范邓楠　裘浙东

副 主 编　卢志椿　顾　超　杨曼云　万亮斌　陈世民

参　　编　李福武　王厚英　卢运娇　刘振权　王春强
　　　　　许　丽　陈泽民　蓝春枫　王晨超

哈尔滨工程大学出版社
Harbin Engineering University Press

内容简介

本书围绕工业机器人离线编程软件展开介绍，目的是让读者了解和学习工业机器人离线编程技术及软件操作技能，从而掌握工业机器人离线编程仿真技术并能够实际应用。本书主要内容包括认识工业机器人离线编程技术、工业机器人工作场景搭建、工业机器人工作轨迹生成及仿真、离线程序代码后置及调试、离线编程及仿真应用案例等。

本书实现了互联网与传统教育的完美融合，采用"纸质教材＋数字课程"的出版形式，扫描二维码即可观看微课等视频类数字资源，随扫随学，突破传统课堂教学的时空限制，可以有效激发学生的自主学习热情，打造高效课堂。

本书可作为中高等职业教育工业机器人技术专业的教材，也可作为机电专业、自动化专业、企业培训等相关教材和相关设计管理人员的参考资料。

图书在版编目（CIP）数据

工业机器人仿真/陈铭钊，范邓楠，裴浙东主编.—哈尔滨：哈尔滨工程大学出版社，2021.6
ISBN 978-7-5661-3100-3

Ⅰ.①工… Ⅱ.①陈…②范…③裴… Ⅲ.①工业机器人–仿真设计–高等职业教育–教材 Ⅳ.①TP242.2

中国版本图书馆 CIP 数据核字 (2021) 第 112924 号

工业机器人仿真
GONGYE JIQIREN FANGZHEN

选题策划　雷　霞
责任编辑　宗盼盼
封面设计　付　娜

出版发行	哈尔滨工程大学出版社
社　　址	哈尔滨市南岗区南通大街 145 号
邮政编码	150001
发行电话	0451-82519328
传　　真	0451-82519699
经　　销	新华书店
印　　刷	哈尔滨市石桥印务有限公司
开　　本	787 mm×1 092 mm　1/16
印　　张	14.75
字　　数	350 千字
版　　次	2021 年 6 月第 1 版
印　　次	2021 年 6 月第 1 次印刷
定　　价	48.00 元

http://www.hrbeupress.com
E-mail：heupress@hrbeu.edu.cn

前 言

  PQArt 是北京华航唯实机器人科技股份有限公司开发的工业机器人离线编程软件，该软件使工业机器人离线编程操作更加简单。

  PQArt 是一款功能强大的离线编程软件，包括高性能 3D（三维）平台、基于几何拓扑与历史特征的轨迹生成与规划、自适应机器人求解算法与后置生成技术、支持深度自定义的开放系统架构、事件仿真与节拍分析技术、在线数据通信与互动技术等。它的功能覆盖了机器人集成应用完整的生命周期，包括方案设计、设备选型、集成调试及产品改型。PQArt 在打磨、抛光、喷涂、涂胶、去毛刺、焊接、激光切割、数控加工、雕刻等领域有多年的积淀，并逐步形成了成熟的工艺包与解决方案。

  本书按照工业机器人技术课程要求，通过分析工业机器人技术应用的工作岗位，以典型工作任务为载体，先从设备的拆装着手熟悉设备，再以典型的任务进行工业机器人的编程及调试。学生通过本课程的学习，不仅要具备岗位工作能力，还要具备诸如解决问题、自我学习、与人交流和团队合作能力，能对新的、不可预见的工作情况做出独立的判断并给出应对措施，通过任务驱动、成果导向实现学生综合职业能力的提升。

  本书重在培养学生的学习技能，使学生在掌握知识的同时，端正学习态度、增强团队意识、具备良好的职业操守。本书在编写过程中力求体现以下特色：

  1. 执行新标准。本书依据最新教学标准和课程大纲要求进行编写，对接职业标准和岗位需求进行实训。

  2. 体现新模式。本书采用理实一体化的编写模式，突出"做中教，做中学"的职业教育特色。

  3. 任务引领。本书以项目为载体，通过任务引领，体现了当前课程改革的新模式。没有任务的项目是盲目的；没有项目，任务的学习又缺乏载体。

  4. 递进式的课程结构模式。工作任务按照难易程度由低到高排列，反映岗位的工作内容。

  本书共 5 个项目，由北海职业学院的陈铭钊、范邓楠及嘉善县中等专业学校的裘浙东任主编；由北海职业学院的卢志椿、嘉兴职业技术学院的顾超、云南机电职业技术学院的杨曼云、杭州中策职业学校的万亮斌、临安区职业教育中心的陈世民任副主编；北海职业学院的李福武、王厚英、卢运娇、刘振权、王春强、许丽、陈泽民、蓝春枫及嘉善县中等专业学校的王晨超参与编写。本书具体分工如下：陈铭钊负责编写项目 1、项目 2 的任务 2.1 至任务 2.4；范邓楠负责编写项目 3 的任务 3.1、任务 3.2；裘浙东负责编写项目 4；卢志椿负责编写项目 2 的任务 2.5、任务 2.6；顾超负责编写项目 3 的任务 3.3、任务 3.4；杨曼云负责编写项目 5 的任务 5.1、任务 5.4；万亮斌负责编写项目 5 的任务 5.2；陈世民负责编写项目 5 的任务 5.3。全书由陈铭钊负责统稿和定稿。

本书在编写过程中得到了北京华航唯实机器人科技股份有限公司的张大维等工程师的大力支持，在此深表谢意。

由于编者水平有限，书中不妥之处在所难免，恳请读者批评指正。

编　者

2021 年 4 月

目　　录

项目 1　认识工业机器人离线编程技术

20 世纪 80 年代，与数控机床和计算机辅助制造（CAM）软件的发展规律类似，机器人应用的早期，即出现离线编程软件的概念。

最近数年间，伴随工业机器人的大规模应用，各家机器人大厂（ABB、FANUC、Yaskawa、KUKA 等）均提供了适配自家品牌的机器人离线编程软件，这些软件可以和自家品牌设备直连，做到准确的节拍仿真。但对于轨迹的计算大多数以离线示教为主，而根据三维模型计算轨迹的能力较弱。

无论是国外还是国内机器人离线编程软件，除了在计算轨迹和仿真方面越来越完善外，具体到工业生产中，还需要针对各种工艺应用逐步完善相应的工艺包，这样才能满足大多数情况下的实际生产要求。有些特殊的工艺还需要进行软件定制开发，因此国内机器人离线编程软件在现场优势、技术沟通、性价比等方面占据了一定的优势。

任务 1.1　初识离线编程技术

机器人形象和机器人一词最早出现在科幻和文学作品中。在科技界，科学家会给每个科技术语明确定义，而对于机器人的定义却极为模糊，也许正是由于机器人定义的模糊，才给了人们充分的想象和创造空间，推进机器人技术不断发展。简单来说，机器人是在三维（3D）空间中具有较多自由度，并能实现诸多拟人动作和功能的机器。

1.1.1　任务目标

了解并掌握我国现阶段的工业机器人离线编程技术的发展趋势，有目的地选择一门工业机器人离线编程技术进行学习。

1.1.2　任务内容

（1）掌握 PQArt 软件下载、安装与登录；

（2）熟悉示教在线编程在实际应用中主要存在的问题；

（3）了解示教在线编程与离线编程的优势及缺点。

1.1.3 知识链接

工业机器人编程可分为示教在线编程和离线编程。本书重点讲解离线编程，通过分析示教在线编程在实际应用中主要存在的问题，认识工业机器人离线编程软件的优势，对主流编程软件的功能、优缺点进行深度解析。

1. 示教在线编程在实际应用中主要存在的问题

（1）示教在线编程过程烦琐、效率低；

（2）精度完全是靠示教者的目测决定，而且对于复杂的路径，示教在线编程难以取得令人满意的效果。

2. 与示教在线编程相比，离线编程的优势

（1）减少机器人停机的时间，当对下一个任务进行编程时，机器人仍可在生产线上工作；

（2）使编程者远离危险的工作环境，改善了编程环境；

（3）离线编程系统使用范围广，可以对各种机器人进行编程；

（4）能方便地实现优化编程；

（5）可对复杂任务进行编程；

（6）直观地观察机器人工作过程，判断包括超程、碰撞、奇异点、超工作空间等错误。

3. 初识离线编程

（1）PQArt

PQArt 工业机器人离线编程仿真软件是北京华航唯实机器人科技股份有限公司推出的工业机器人离线编程仿真软件。经过多年的研发与行业应用，PQArt 掌握了离线编程多项核心技术，包括高性能 3D 平台、基于几何拓扑与历史特征的轨迹生成与规划、自适应机器人求解算法与后置生成技术、支持深度自定义的开放系统架构、事件仿真与节拍分析技术、在线数据通信与互动技术等。它的功能覆盖了机器人集成应用完整的生命周期，包括方案设计、设备选型、集成调试及产品改型。PQArt 在打磨、抛光、喷涂、涂胶、去毛刺、焊接、激光切割、数控加工、雕刻等领域有多年的积淀，并逐步形成了成熟的工艺包与解决方案。

在教育领域，PQArt 着力培养新一代高素质机器人应用设计与编程人才，有大量在校学生以机器人虚拟仿真与离线编程为入口开始自己的机器人学习与从业生涯。同时，PQArt 也为教育部中职、高职国赛机器人相关赛项提供技术支持，使选手们在 PQArt 软件中一展自己的才华。PQArt 的特点如表 1-1 所示。

表 1-1 PQArt 的特点

优点	缺点
1. 复杂零件轨迹快速生成； 2. 多品牌机器人支持； 3. 深度开放的机器人系统； 4. 面向机器人生产线的工艺规划仿真系统； 5. 海量云端资源	软件不支持整个生产线仿真，对国外小品牌机器人也不支持

（2）RobotStudio

RobotStudio 是一款由 ABB 集团研发生产的计算机仿真软件。ABB 集团成立于 1988 年，由成立于 1883 年的瑞典阿西亚公司和成立于 1891 年的瑞士 BBC 公司合并而成，总部位于瑞士苏黎世。ABB 是电力和自动化技术领域的全球领先集团，能够帮助公用事业和工业客户提升业绩，同时降低对环境的影响。RobotStudio 主要应用于制造业、加工业、消费品行业、公用事业、石油天然气业及基础设施业。RobotStudio 的特点如表 1-2 所示。

表 1-2　RobotStudio 的特点

优点	缺点
1.RobotStudio 既是仿真软件，又是编程软件； 2. 该软件可以创建工作站，并且模拟真实场景，测量节拍时间，这样工作人员就可以在办公室进行整个工作站流水线生产测试； 3. 对于一些不规则的轨迹，通常人为示教是比较麻烦的，并且效率低，可以使用自动生成路径功能，把生成的路径下载到真实机器人中，大大提高效率； 4. 可以测量机器人能够到达哪些位置，优化工作站单元布局； 5. 碰撞监测功能可以测量机器人与周边设备是否会碰撞，确保机器人离线编程得出的程序的可用性； 6. 使用 RobotStudio 与真实的机器人进行连接通信，对机器人进行便捷的监控、程序的修改、参数的设定、文件的传送、程序的备份与恢复等； 7. RobotStudio 提供二次开发的功能，使工作人员更方便地调试机器以及更加直观地观察机器人生产状态	只支持本公司品牌机器人，机器人间的兼容性很差

（3）Robotmaster

Robotmaster 来自加拿大，由上海傲卡自动化科技有限公司代理，是目前全球离线编程软件中顶尖的软件，支持市场上绝大多数工业机器人品牌（KUKA、ABB、FANUC、Motoman、史陶比尔、珂玛、三菱、DENSO、松下等），Robotmaster 在 Mastercam 中无缝集成了工业机器人编程、仿真和代码生成功能，提高了工业机器人编程速度。Robotmaster 的特点如表 1-3 所示。

表 1-3　Robotmaster 的特点

优点	缺点
可以按照产品数模生成程序，适用于切割、铣削、焊接、喷涂等。独家的优化功能，运动学规划和碰撞检测非常精确，支持外部轴（直线导轨系统、旋转系统）和复合外部轴组合系统	暂时不支持多台工业机器人同时模拟仿真（只能做单个工作站），是基于 Mastercam 做的二次开发

（4）Robotworks

Robotworks 是来自以色列的工业机器人离线编程仿真软件，与 Robotmaster 类似，是基于 Solidworks 做的二次开发。使用时，需要先购买 Solidworks，其特点如表 1-4 所示。

表 1-4　Robotworks 的特点

优点	缺点
生成轨迹方式多样、支持多种工业机器人、支持外部轴	Robotworks 基于 Solidworks，Solidworks 本身不带 CAM 功能，编程烦琐，工业机器人运动学规划策略智能化程度低

（5）Robcad

Robcad 是西门子旗下的软件，软件较庞大，重点在生产线仿真，价格也是同软件中顶尖的。该软件支持离线点焊、多台机器人仿真、非机器人运动机构仿真，具备精确的节拍仿真。Robcad 主要应用于产品生命周期中的概念设计和结构设计两个前期阶段，其特点如表 1-5 所示。

表 1-5　Robcad 的特点

优点	缺点
1. 与主流的 CAD 软件（如 NX、CATIA、IDEAS）无缝集成； 2. 实现工具工装、机器人和操作者的三维可视化； 3. 制造单元、测试以及编程的仿真	价格昂贵，离线功能较弱，Unix 移植过来的界面，人机界面不友好

（6）Roboguide

Roboguide 是 FANUC 公司提供的一个仿真软件，它是围绕一个离线的三维世界进行模拟。在这个三维世界中模拟现实中的机器人和周边设备的布局，通过其中的 TP 示教，进一步来模拟它的运动轨迹，其特点如表 1-6 所示。

表 1-6　Roboguide 的特点

优点	缺点
1. 该软件支持机器人系统布局设计和动作模拟仿真，可进行机器人干涉性、可达性的分析和系统的节拍估算，还能够自动生成机器人的离线程序，优化机器人的程序以及进行机器人故障的诊断等； 2. Roboguide 是一款核心应用软件，常用的仿真模块有 ChamferingPRO、HandlingPRO、WeldPRO、PalletPRO 和 PaintPRO 等，选择不同的模块实现的功能不同，相应加载的应用工具包也会不同； 3. 除了常用的模块之外，Roboguide 中其他功能模块的使用，可以方便用户快捷创建并优化机器人程序； 4. Roboguide 还提供了一些功能的插件来拓展软件的功能	只支持本公司品牌机器人，机器人间的兼容性很差

（7）DELMIA

DELMIA 是达索旗下的 CAM 软件，大名鼎鼎的 CATIA 是达索旗下的计算机辅助设计（CAD）软件。DELMIA 有 6 大模块，其中 Robotics 解决方案涵盖汽车领域的发动机、总装和白车身，航空领域的机身装配、维修维护，以及一般制造业的制造工艺。

DELMIA 的机器人模块 Robotics 是一个可伸缩的解决方案，利用强大的 PPR 集成中枢快速进行机器人工作单元建立、仿真与验证，是一个完整的、可伸缩的、柔性的解决方案，其特点如表 1-7 所示。

表 1-7 DELMIA 的特点

优点	缺点
1. 从可搜索的含有超过 400 种以上的机器人的资源目录中，下载机器人和其他工具资源； 2. 利用工厂布置规划工程师所完成的工作； 3. 加入工作单元中工艺所需的资源，进一步细化布局	属于专家型软件，操作难度大

（8）Robomove

Robomove 来自意大利，同样支持市面上大多数品牌的机器人，机器人加工轨迹由外部 CAM 导入，其特点如表 1-8 所示。

表 1-8 Robomove 的特点

优点	缺点
与其他软件不同的是，Robomove 走的是私人订制路线，根据实际项目进行订制。软件操作自由，功能完善，支持多台机器人仿真	需要操作者对机器人有较为深入的理解，智能化程度与 Robotmaster 有较大差距

1.1.4 硬件要求与软件安装

学习一款软件前，首先想到的就是要设法获得这款软件，进而将其顺利安装到电脑上，并打开它。因此，在试用或使用 PQArt 这款软件前，先介绍一下其下载、安装、登录等方面的知识。

1.PQArt 下载

PQArt 下载地址是 https://art.pq1959.com/Art/Download，单击后，指定下载地址即可自行高速下载。PQArt 软件分为三种，分别是企业版、教育版和竞赛版，根据需要进行下载安装。教育版需使用正版教育账号登录后方可下载安装。

2. 硬件要求

中央处理器（CPU）：inteli5 或同类性能以上 CPU；

内存：8 GB 以上内存；

显卡：1 GB 以上 NVIDIA 独立显卡；

显示器：23 寸^①以上显示器。

3. 软件要求

CPU：inteli5 或同类性能以上 CPU；

内存：8 GB 以上内存；

显卡：1 GB 以上 NVIDIA 独立显卡；

显示器：23 寸以上显示器。

4. 软件安装与登录

（1）有些操作系统会自动弹出"用户账户控制"对话框，单击对话框中的"是"按钮，即可开始安装 PQArt。

（2）直接点击"快速安装"按钮，等待完成安装。点击"自定义安装"，可以自定义安装软件的路径。

注：只有勾选了"同意 PQArt 的用户许可协议"后，才能安装软件。

（3）安装完成后可以点击"立即注册"，如果已有账号可以点击"立即体验"。在安装完成后不想立即打开软件可以点击"完成安装"。

（4）安装完成后即可打开登录界面进行登录，或者快速注册账号登录 PQArt 仿真软件。登录方式可以选择微信登录，也可以选择账号登录。

任务 1.2　认识常用的离线编程软件

1.2.1　任务目标

（1）了解 PQArt 软件功能；

（2）培养学生分析问题的能力，为后续专业课程的学习和职业生涯的发展奠定基础。

1.2.2　知识链接

1. 软件概述

PQArt 工业机器人离线编程软件充分考虑到软件应用特点，实现了功能较优化、使用简易化、界面人性化、操作统一化，在教育领域为学校提供教育版，提供专业的技术支持和二次开发服务，实现教学功能定制化。

2. 特色功能

（1）多品牌工业机器人离线编程功能

PQArt 工业机器人离线编程软件采用独家解算算法，可以支持市面上主流品牌工业机器人的离线编程操作。目前模型库中已附带 KUKA、ABB、STAUBLI、广州数控、新时达等品牌工业机器人模型，可以导入三维模型并进行轨迹规划，采用通用化空间正逆解算算法仿真运动过程，一键即可完成复杂的程序编译过程，直接生成运行所需要的控制代码文件，简化工业机器人编程过程，统一编程接口，提高应用效率。

---

① 这里的寸指的是英寸（in），1 in=2.54 cm。

（2）基于 CAD 数据的轨迹设计

PQArt 工业机器人离线编程软件采用通用的 3D 核心模块，提供了基础的曲线、曲面及实体建模功能，满足简单建模需求。同时 PQArt 工业机器人离线编程软件独家提供了丰富的模型文件接口，包含了通用标准三维模型格式，如 step、igs、stl、x_t，以及市面上广泛使用的三维设计软件，如 UG 的 prt、ProE 的 prt、CATIA 的 CATPart、Solidworks 的 sldpart 等格式的模型文件，方便用户在不同软件中建立真实的工作环境并导入 PQArt 工业机器人离线编程软件，提高设计环境真实度。软件操作过程与通用 3D CAD 软件基本相同，在教学上具有延续性，如利用三维球对模型位置和姿态进行调整等，便于学生掌握软件操作。

同时 PQArt 工业机器人离线编程软件的工业机器人轨迹生成采用基于 CAD 模型数据技术，可通过实体模型、曲面或曲线直接生成运动轨迹，简化轨迹生成步骤，提高轨迹精度。

（3）灵活的编程模式和轨迹优化功能

工业机器人在真实应用时，会根据不同需求采用工业机器人手持工具或手持工件两种方式实现，有时因为空间限制或成本要求，一个工业机器人工位需要完成多个工序功能，要求工业机器人配合快速更换工具，实现多种末端执行器自动替换。PQArt 工业机器人离线编程软件为解决此类应用问题，将轨迹仅与工件和工具关联，可以实现手持工具和手持工件两种轨迹编程模式自由切换，并对多个工具进行定义编程，多个工序一次实现，简化编程流程，充分模拟真实应用效果。

（4）多机器人联动仿真

在真实生产应用中，由于工艺要求复杂、产品结构特殊等原因，同一工位处经常需要多个机器人互相配合完成要求的加工动作，有时甚至需要两到三个机器人联动完成复杂空间轨迹的动作，这使得工业机器人的工作环境极为复杂，容易发生碰撞等危险，在编程调试过程中，需要更加细致和小心，也对工作站的整体设计提出了更高的要求。PQArt 工业机器人离线编程软件利用独家的轨迹关联技术，可以在同一三维环境下导入多个不同品牌、不同型号的工业机器人，并对每一个工业机器人进行轨迹编程。利用 IO 关联控制技术可以实现多个机器人之间轨迹的联动控制，达到完全模拟真实状态下，工业机器人的仿真过程，从而在虚拟环境中对工业机器人的工作空间进行碰撞检查，避免危险发生，同时也可以直观地验证多机配合情况下轨迹的复现效果，提高程序调试效率，缩短设备停机时间。

（5）第七轴扩展及变位机应用

常用的串联六自由度关节型工业机器人，其结构特点使其工作范围为近似球形，与人的工作范围相同。随着应用形式的扩展，大幅度提高工业机器人的工作范围成为主要需求。单纯增加工业机器人工作半径，不仅严重影响有效负载和重复定位精度两大指标，还使得成本大幅提升，得不偿失。为此，利用线性行走模块使工业机器人增加第七轴，实现沿一维自由运动，从而将球形工作范围迅速扩展为圆柱形空间，且高精度导轨和高性能伺服技术的发展也确保了优良的定位精度，成为当前主流应用方式。PQArt 工业机器人离线编程软件为解决该应用问题，将轨迹与机器人在几何关系上解耦，实现了机器人动态实时跟踪轨迹运动仿真，不论机器人运动到哪个位置都可准确定位到目标轨迹点，同时对当前状态下的机器人轨迹数据进行输出，实现扩展第七轴的离线编程应用。

（6）快换工具应用支持

在自动化生产线中，由于空间、成本等因素限制，经常会要求单一工业机器人完成多种工艺过程，如搬运装配复合、点焊抓取复合、装配检测复合等，从而要求工业机器人能够自动更换末端执行器。为满足该工业需求，工业机器人快换工具应运而生。该工具分为机器人端和工具端。机器人端安装在机器人法兰盘上，可以与同规格的工具端实现快速装配和分离，采用气动控制。PQArt 工业机器人离线编程软件利用独家轨迹关联技术，实现同一工业机器人不同工具间的轨迹匹配，完全模拟了真实快换工具的应用方式。同时针对快换动作特点，增加了抓取、放回工具的快捷工具，简化了编程过程，提高了应用效率。

（7）丰富的工艺工具包

为满足工业机器人不同工艺应用需求，PQArt 工业机器人离线编程软件提供了工艺工具包以解决实际应用问题，可以根据需求自定义工具模型和坐标参数，满足个性化工作站设计要求；通过多点智能匹配算法可实现虚拟设计环境与真实应用环境的坐标变换，在轨迹轮廓不变的情况下对所有标志点进行变换，提高适应性；可利用搬运码垛工艺包真实还原工业机器人抓取物料搬运并摆放的整个工艺过程，避免与环境中其他设备的碰撞；利用点云数据直接生成打孔轨迹，简化轨迹编程过程；利用 CAM 软件生成的复杂 APT Source 或 NC 格式 G 代码文件生成数控加工轨迹，完成复杂轮廓轨迹或立体模型雕刻。

（8）定制教学功能

PQArt 工业机器人离线编程软件为方便教学应用，在学校进行部署时，会在软件中集成与学校所购买的硬件实训设备相同的模型环境，以方便在教学过程中融入离线编程应用。同时，在进行硬件实训教学前，利用 PQArt 工业机器人离线编程软件的虚拟环境熟悉实训操作过程，可以提高硬件设备使用率，降低设备损坏率。为满足集中式教学，PQArt 工业机器人离线编程软件提供了仿真结果 3D 动画输出功能，在完成离线编程后，可以通过浏览器直接查看运行效果，方便教师对学生的学习情况进行考核，避免实机操作时发生危险。

项目 2　工业机器人工作场景搭建

任务 2.1　工具的应用

2.1.1　任务目标

本任务学习工具的应用，目的是让学生应用软件掌握机器人工具的应用步骤，完成工作任务。

2.1.2　任务内容

（1）掌握工业机器人快换工具的安装；

（2）熟悉工具定义和工具库工具分类等应用功能的使用；

（3）掌握机器人工具抓取、放开、安装与卸载功能的使用；

（4）会替换工具及部分工具高级操作功能。

2.1.3　知识链接

1. 工具基础知识

（1）工具定义

工具是机器人工作时所使用的机械性或智能性器具，可以应用于打磨、去毛刺、焊接、涂胶等工艺中。PQArt 支持的工具格式为 robt。在 PQArt 中，与工具相关的元素包括工具中心点 TCP、工具坐标系等。

（2）工具库

PQArt 的"工具库"中包含了丰富的云端在线资源，其中涵盖了大部分行业的应用工具。工具的种类和数量持续更新，如图 2-1所示。

图 2-1　工具库

（3）工具分类

工具可分为三类，详细描述如表 2-1 所示。

表 2-1　工具分类

工具名称	说明	图示
法兰工具	安装在机器人法兰盘上的工具。法兰盘：通常是指在一个类似盘状的金属体的周边开上几个固定用的孔，用于机器人六轴末端的法兰装配	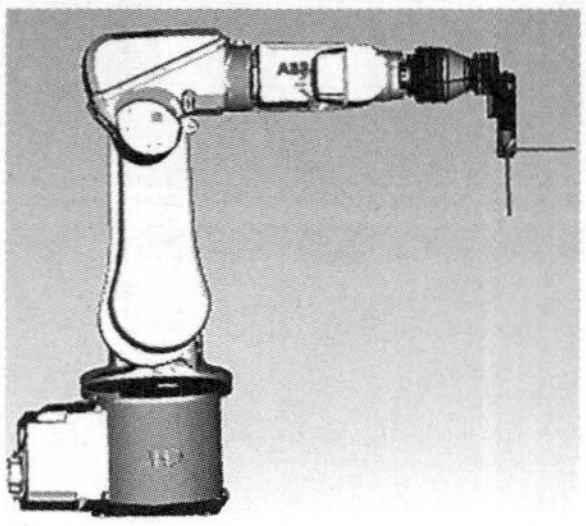
	安装方式：法兰工具从“工具库”中导入，导入后直接安装在机器人的法兰盘上	
快换工具	由机器人侧用和工具侧用组成。机器人侧用指的是与机器人法兰盘连接的工具；工具侧用指的是与法兰工具连接的工具。当机器人需要完成两种及以上的任务时，通过快换工具可以快速更换工具，而不用从法兰盘上拆下工具，省时省力。 注意：自定义机器人侧用工具时，需要按照法兰工具的方式来定义	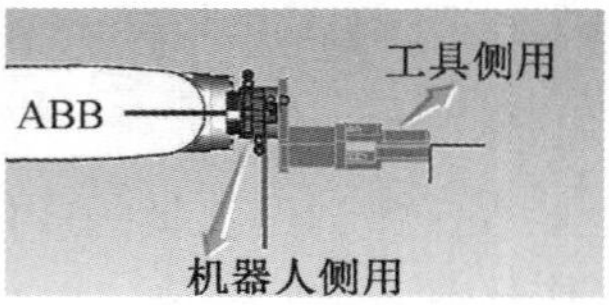
	安装方式：工具侧用从“工具库”中导入，导入后需要执行安装操作（通过工具右键菜单的“安装”指令），才能安装到机器人侧用工具上	
外部工具	独立于机器人之外的工具，如打磨机、砂轮等。有时机器人需要手持工件配合使用外部工具	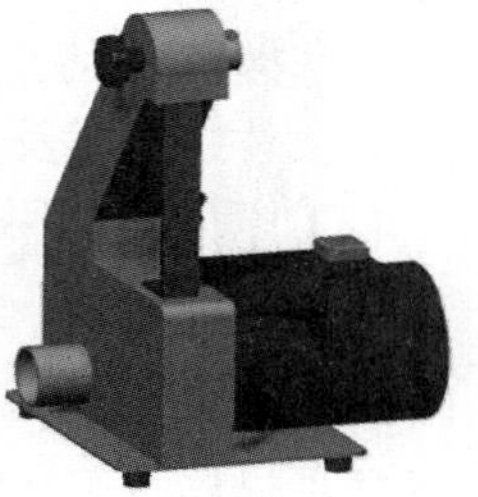
	安装方式：外部工具从“工具库”中导入，导入后即可独立于机器人之外，配合机器人进行零件的加工	

法兰工具定义

快换工具定义

外部工具定义

2. 工具基本操作

（1）导入工具

导入工具命令位于“机器人编程”下的“场景搭建”中，工具库中有丰富的工具资源，如图 2-2 所示。其用于导入软件工具库中的工具。工具的格式为 robt。

注意：导入法兰工具和快换工具前需先导入机器人，外部工具可在无机器人的情况下导入。

安装好的快换工具如图 2-3 所示。

图2-2 工具库命令

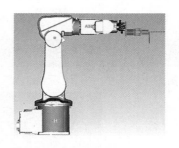

图2-3 快换工具安装图

（2）定义工具

为了应对各种工况需求，PQArt支持用于法兰工具、快换工具、外部工具等多种自定义工具方式，并支持工具的多姿态定义。定义工具命令位于"自定义"下的"工具"中，如图2-4所示。

图2-4 定义工具

（3）抓取和放开

抓取和放开命令位于工具的右键菜单内。工具可抓取、放开目标零件，常用于搬运工艺中。

抓取（生成轨迹）和抓取（改变状态–无轨迹），工具的抓取原理和步骤与机器人的抓取操作完全一样。

放开（生成轨迹）和放开（改变状态–无轨迹），工具的放开原理和步骤与机器人的放开操作完全一样。

（4）安装与卸载

安装与卸载命令位于快换工具的右键菜单内。导入快换工具后，单击快换工具的右键菜单，选择"安装（生成轨迹／改变状态–无轨迹）"。对于快换工具来说，导入后还需要手动安装到法兰工具上。安装命令说明如表2-2所示。

表2-2 安装命令说明

项目	安装（生成轨迹）	安装（改变状态–无轨迹）
应用场景	安装快换工具时	
基本概念	安装工具，同时生成轨迹	安装工具，但不生成轨迹
二者区别	一种动作，机器人会根据该指令运动	一种状态，无动作的产生

表 2-2（续）

项目	安装（生成轨迹）	安装（改变状态 – 无轨迹）
实例	可看到运动的轨迹	无任何动作，只是状态

卸载快换工具时，选择右键菜单内的"卸载（生成轨迹 / 改变状态 – 无轨迹）"，详细描述如表 2-3 所示。

表 2-3　卸载命令说明

项目	卸载（生成轨迹）	卸载（改变状态 – 无轨迹）
应用场景	卸载快换工具时	
基本概念	卸载工具，同时生成轨迹	卸载工具，但不生成轨迹
二者区别	一种动作，机器人会根据该指令运动	一种状态，无动作的产生
实例	可看到运动的轨迹	无任何动作，只是状态

（5）替换工具

替换工具命令位于工具的右键菜单内，用于将当前工具替换成目标工具。PQArt 支持替换软件库中的工具、自定义的工具，支持的工具格式为 robt。

（6）插入 POS 点（Move-Line、Move-Joint 和 Move-AbsJoint）

插入 POS 点命令位于工具的右键菜单内。POS 点为过渡点，其实就是独立于轨迹之外的一个点。可以选择插入不同的 POS 点方式，详细描述如表 2-4 所示。

表 2-4　插入 POS 点的方式

MoveL: Move-Line	机器人以线性移动方式运动至目标点，当前点与目标点成为一条直线，机器人运动状态可控，运动路径保持唯一
moveJ: Move-Joint	机器人以最快捷的方式运动至目标点，机器人运动状态不完全可控，但运动路径保持唯一，常用于机器人在大范围空间移动
moveAbsJ: Move-AbsJoint	绝对运动指令，机器人按照角度指令来移动，机器人运动状态可控
moveC: Move-Circle	圆弧运动指令，机器人通过中间点以圆弧移动方式运动至目标点，当前点、中间点与目标点三点决定一段圆弧，机器人运动状态可控，运动路径保持唯一

（7）TCP 设置

TCP 设置即校准工具的位置和姿态，以确保虚拟环境中工具的位置与真实环境中工具的位置保持一致（位置是相对于机器人的基坐标系及法兰坐标系来说的）。TCP 设置命令位于工具的右键菜单内，如图 2-5 所示。

图 2-5　TCP 设置

只有选中一个 TCP，使其显示为蓝色状态才能进行操作。该对话框可对 TCP 的数值进行修改，具体数据要根据实际测量填入，尽量减小误差。

①切换当前 TCP：即选择要编辑的 TCP，通过双击 TCP 名称可以实现。

②默认设置：恢复 TCP 初始数据，消除所做的任何修改操作。

③加载：导入外部文件中的 TCP 数据。也可以双击 X、Y、Z、$Q1$、$Q2$、$Q3$、$Q4$，手动修改数值。

④保存：将当前选中的 TCP 数据保存到文件中，方便下一次使用。

⑤同步修改：在不止一个 TCP 的情况下，工具所有 TCP 的位姿都会随着所选 TCP 数据的修改而改变。

⑥修改装配位置：这里的装配指的是工具，用该指令确定工具位姿是否随着 TCP 的修改而变动。

有时候需要改动 TCP 点的位置和姿态，方法有两种，即"编辑 TCP"和"TCP 设置"。

⑦关联变量：工具末端在实际环境中加工工件时可能会出现磨损或者其他情况。"关联变量"可以为 TCP 增添符合工艺需求的关联变量，使得 TCP 位置时刻与实际环境中工具的位置保持一致。

这里关联 X、Y、Z 指的是 TCP 的 X、Y、Z，其后跟随的是公式。使用"关联变量"时，还需要配合可编程逻辑控制器（PLC），如图 2-6 所示。

图 2-6　关联变量

3. 工具高级操作

（1）编辑工具

编辑工具命令位于工具的右键菜单内。编辑工具上的 FL、TCP、CP 等点。在实际操作过程中，根据需求，对其进行添加、删除、编辑、复制。定义工具界面介绍如图 2-7 所示，对附着点的编辑不会改变工具的位置和姿态。

①类型选择

对当前已导入的工具进行附着点的编辑，可以添加、删除，也可以编辑附着点的姿态（用三维球调整）。编辑完毕之后，点击"确认"即可。如果想重新导出，则点击"另存"。

工具类型中不同工具类型编辑的附着点不同。法兰工具的附着点是 FL 和 TCP；快换工具的附着点是 CP 和 TCP；外部工具的附着点是 TCP。

在添加附着点中单击 ➕FL ➕TCP 可以继续添加附着点 FL 和 TCP，添加的附着点在表格中显示出来。单击某个附着点，该点所在的条目会变成蓝色，表示处于可编辑状态，如图 2-8 所示。

图 2-7　定义工具

图 2-8　切换 / 选中附着点

　②工具信息

工具信息是关于工具的信息，可选填工具名字、型号、类型、参数和工具简介，如图 2-9 所示。

　③作者信息

作者信息是对作者的介绍，可选填作者、公司和简介，如图 2-10 所示。

图 2-9　工具信息　　　　　　　图 2-10　作者信息

（2）编辑 TCP

编辑 TCP 命令位于工具的右键菜单内。编辑 TCP 即编辑工具工作的中心点，如图 2-11 所示，编辑时自动弹出三维球。通过三维球可平移一定距离，可旋转一定角度。

注：编辑 TCP 存在两种情况，即修改或不修改装配位置，也就是编辑 TCP 后是否修改工具的位置。该指令存在于"TCP"设置中，一般默认情况为"修改装配位置"。

（3）隐藏、显示、删除和重命名

命令位于工具的右键菜单内。

隐藏：用于隐藏当前的工具，同时机器人加工管理面板中的工具节点会变成灰色。

显示：用于将已隐藏的工具显示出来。在机器人加工管理面板中右击"工具"，选择下拉菜单中的"显示"，工具重新出现在绘图区。

删除：删除当前选中的工具。

重命名：修改当前工具名称。

（4）几何属性（即显示属性）

几何属性命令位于工具的右键菜单内。"几何属性"用来查看、修改工具的材质、形状、颜色以及透明度等，如图 2-12 所示。

图 2-11　编辑 TCP　　　　　　　图 2-12　几何属性

（5）添加至工作单元

工作单元是包含机器人、工具、零件、状态机等设备的一个系统，既可以是完整的工作站，也可以是单独的某个模型。设置工作单元方便统一管理。

在机器人加工管理面板的结构树上，工作单元为独立的节点，如图 2-13 所示，所有新增的工作单元都会归入该节点下。右击某个单元，可对单元进行右键菜单中的几种操作。

添加至工作单元命令位于工具的右键菜单内，如图 2-14 所示。该功能是将选中的工具添加到工作单元中，构成工作单元的一部分。

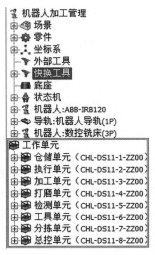

图 2-13　工作单元

图 2-14　添加至工作单元

①添加至已有工作单元：将所选择的对象添加到已经有的工作单元中。

②添加至新建工作单元：在名称中创建新建工作单元的名字，并将所选择的对象添加到新建的工作单元中。

2.1.4 任务实施

（1）快换工具的安装：导入快换工具后，详细的安装步骤如图 2-15 所示。

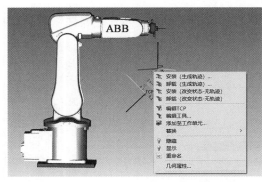

图 2-15　快换工具安装

（2）让法兰工具的 TCP 向外平移 80 mm 后，勾选"修改装配位置"，效果如图 2-16 所示。

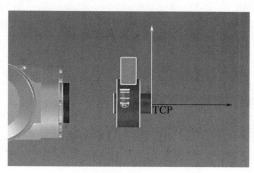

图 2-16 修改装配位置

（3）不勾选"修改装配位置"，效果如图 2-17 所示。

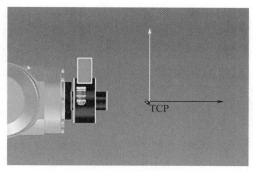

图 2-17 不修改装配位置

修改装配位置，意味着工具会随着 TCP 移动，这时工具会和机器人在表面上分离，但不会影响各种操作；不修改装配位置，意味着 TCP 自己动，且会在表面上和工具分离。

注意：如果实际环境中测量的 TCP 方向与软件中定义的方向不一样，不要修改装配位置或者不要修改四元数，否则会导致工具的形态发生变化。

2.1.5 任务评价

任务评价如表 2-5 所示。

表 2-5 任务评价表

项目	内容	配分	得分	备注
团队合作	实施任务过程中有讨论	5		
	有工作计划	5		
	有明确的分工	5		
	系统摆放合理、美观	10		

表 2-5（续）

项目	内容	配分	得分	备注
工具应用	场景导入正确	10		
	快换工具的安装步骤合理	40		
6S 管理	完成操作后，工位无垃圾	10		
	完成操作后，计算机等摆放整齐	5		
安全事项	过程中，无损坏设备及人身伤害现象	10		
	总分			

 任务 2.2　零件的应用

2.2.1　任务目标

（1）理解零件基础知识；
（2）掌握插入 POS 点的方法；
（3）掌握新建坐标系的方法。

2.2.2　任务内容

（1）插入 POS 点并拾取对应的点；
（2）新建坐标系并掌握坐标系的使用方法。

2.2.3　知识链接

1. 零件基础知识

（1）零件的定义

①工件：正在加工还没有成为成品的零件。

②零件：机械中不可分拆的单个制件，是机器的基本组成要素，也是机械制造过程中的合格的具有一定功能的物件。通过零件的组合能构成部件，部件组合能构成产品。在 PQArt 中，零件可分为场景零件和加工零件两种。场景零件用于搭建工作环境，而加工零件则是机器人加工制造的对象。零件的格式为 robp。

③部件：部件是机械的一部分，由若干装配在一起的零件组成。

④ CP：CP 为安装点、抓取点。具体来说，CP 是零件上被工具抓取的点。

⑤ RP：RP 为放开点，一般是机器人放开零件时，零件与工作台接触的点。

（2）零件的操作

在 PQArt 中，零件涉及的操作包括以下几个方面：

①工件校准：确保软件的设计环境中机器人与零件的相对位置与真实环境中两者的相对位置保持一致。

②机器人搬运零件：机器人通过零件上的 CP、RP 点来实现上下料、搬运、码垛等。

③加工零件：在零件上生成加工轨迹，从而完成零件的加工。

④创建工件坐标系：新建工件坐标系，相对于工件坐标系创建的轨迹，在机器人的位置改变后（也就是说机器人的基坐标发生变化），后置代码中，这些轨迹的点数据不会改变，仅仅工件坐标系的位置和姿态的数据会发生变化。

2. 零件基本操作

（1）导入零件

零件作为工具加工的对象，需要先导入软件。导入零件命令位于场景搭建→设备库内，设备库内有丰富的零件资源，如图 2-18 所示。设备库支持导入库中的零件，零件的格式为 robp。

图 2-18　设备库

（2）定义零件

定义零件命令位于自定义→定义零件中，如图 2-19 所示。软件支持自定义零件，零件的模型有零件、工具、机器人、底座等多种选择。可将工具、零件和底座等都看作零件进行自定义。

自定义
零件

图 2-19　定义零件

（3）抓取（生成轨迹）和抓取（改变状态 – 无轨迹）

抓取命令位于零件的右键菜单内，抓取命令的应用及基本概念如表 2-6 所示。

表 2-6　抓取命令的应用及基本概念

项目	抓取（生成轨迹）	抓取（改变状态 – 无轨迹）
应用场景	零件抓取机器人 / 零件抓取零件	
基本概念	有轨迹显示	无轨迹显示
二者区别	一种动作，零件会根据该指令运动。生成的轨迹其实只有一个轨迹点	一种状态，无动作的产生

机器人和工具都有这两个指令，但区别在于：机器人和工具使用该指令抓取零件时，机器人做的是关节运动（局部运动）；但使用零件的"抓取"指令时，机器人做的是整体运动。

如果操作对象是机器人，在图 2-20 场景中，要达到机器人被底座托着顺着导轨左右移动的效果，需让底座抓取机器人。

右击底座，选择下拉菜单中的抓取（改变状态 – 无轨迹），选中"ABB-IRB120"，点击"增加"，将其添加到"已选择物体"中后，如图 2-21 所示，点击"确定"。

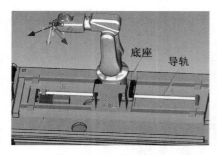

图 2-20 零件的抓取

图 2-21 零件抓取操作步骤

这时零件底座已经抓取了机器人，在导轨上移动时，机器人也会随之而动。

如果操作对象是零件，以工件打磨为例，让转位夹具夹住轮毂翻面，这时需要先让转位抓取轮毂，如图 2-22 所示。

（4）放开（生成轨迹）和放开（改变状态 – 无轨迹）

放开命令位于零件右键菜单内。放开命令的应用及基本概念如表 2-7 所示。

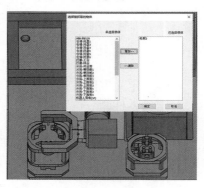

图 2-22 零件抓取操作步骤

表 2-7 放开命令的应用及基本概念

项目	放开（生成轨迹）	放开（改变状态 – 无轨迹）
应用场景	零件放开机器人 / 零件放开零件	
基本概念	有轨迹显示	无轨迹显示
二者区别	一种动作，机器人会根据该指令运动。生成的轨迹其实是一个轨迹点	一种状态，无动作的产生

（5）隐藏、显示、删除和重命名

命令位于零件右键菜单内。

隐藏：隐藏当前选中的零件。隐藏后，零件会消失在绘图区，且机器人加工管理面板中的零件节点变成灰色。

显示：将已隐藏的零件显示出来。方法是再次选中机器人加工管理面板中的零件节点，右击，选择"显示"零件会重新出现在绘图区。

删除：删除当前已导入的零件。

重命名：修改当前零件的名称。

3. 零件高级操作

（1）创建坐标系

创建坐标系命令位于机器人编程→工具→创建坐标系。创建坐标系即新建一个工件坐标系，用来表示工件的位置和姿态。通过拾取工件上的任意三个点来建立坐标系。该指令也是校准工件与机器人相对位置的方法之一，效果与三点校准法一样。

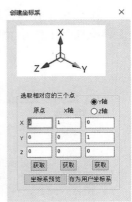

图 2-23 创建坐标系

在图 2-23 创建坐标系中，获取的作用是拾取工件上的点以确定坐标系三个轴的位置和姿态；坐标系预览是预览所建的坐标系；存为用户坐标系是确认当前所建坐标系的操作并保存坐标系。

（2）另存零件

另存零件命令位于零件的右键菜单内。有选择地另存零件和零件上关联的轨迹（只保存零件，或是零件＋轨迹一起保存），实现零件和轨迹的导出与重复利用。

携带轨迹的零件的导入方式为机器人编程→场景搭建→导入零件。

（3）三维球调整（零件）

三维球调整命令位于零件的右键菜单内。三维球调整即通过三维球调整零件的位置和姿态，使得零件即使处于被抓取状态也可自由调整位姿。

抓取状态时零件初始位置如图 2-24 所示。

三维球调整，向上平移零件后，如图 2-25 所示。

图 2-24 零件抓取状态

图 2-25 零件"三维球调整"后的状态

该功能也可调整未被抓取的零件，只是这种情况下与选中零件弹出三维球的效果一样。

三维球调整后零件位置发生变化，但零件 CP 相对工具位置并没有变动。

（4）几何属性（即显示属性）

几何属性命令位于零件的右键菜单内。几何属性用来查看、修改工具的材质、形状、颜色以及透明度等，如图 2-26 所示。

（5）添加至工作单元

工作单元是包含机器人、工具、零件、状态机等设备的一个系统，既可以是完整的工作站，也可以是单独的某个模型。设置工作单元是为了方便统一管理。

添加至工作单元命令位于零件的右键菜单内。该功能是将选中的机器人添加到工作单元中，构成工作单元的一部分。

在机器人加工管理面板的结构树上，工作单元为独立的节点，如图 2-27 所示，所有新增的工作单元都会归入该节点下。右击某个单元，可对单元进行右键菜单中的几种操作。

添加至工作单元命令位于工具的右键菜单内，如图 2-28 所示。该功能是将选中的工具添加到工作单元中，构成工作单元的一部分。

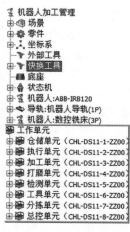

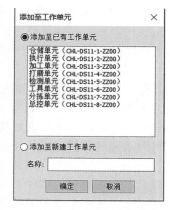

图 2-26　几何属性　　　　图 2-27　工作单元　　　　图 2-28　添加至工作单元

①添加至已有工作单元：将所选择的对象添加到已经有的工作单元中。

②添加至新建工作单元：在名称中创建新建工作单元的名字，并将所选择的对象添加到新建的工作单元中。

2.2.4　任务实施

1. 新建方法

点击界面中的获取按钮 获取 后，在工件上拾取点。依次拾取三个点，分别确定坐标系原点、X 轴、Y 轴、Z 轴的位置。

2. 轨迹关联工件坐标系

在轨迹的右键属性内，通过修改使用的坐标系为"工件坐标系"，可以促使该轨迹所有的点坐标值按照自定义的工件坐标系来表示。通过查看"轨迹点属性"值或后置来掌握替换坐标系前后的区别。

3. 编辑工件坐标系

创建工件坐标系后，该坐标系会在机器人加工管理面板中的"工件坐标系"下挂有子节点，在此处可通过右键菜单对工件坐标系进行各种处理，实现工件坐标系的编辑、复制、删除、隐藏、显示、重命名等，还可查看和更改属性特征。

编辑：编辑工件的位置和姿态，可用来进行工件校准，如图 2-29 所示。

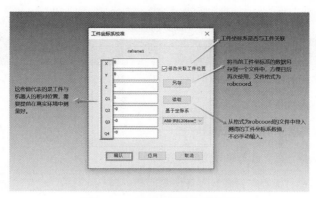

图 2-29　工件坐标系校准界面

　　复制：复制当前选中的工件坐标系。复制的工作坐标系会与原坐标系重合，如图 2-30 所示。

　　删除：删除当前选中的工件坐标系。

　　隐藏：隐藏当前选中的工件坐标系后，绘图区中的坐标系消失，机器人加工管理面板中的坐标系子节点变为灰色。

　　显示：将已隐藏的工件坐标系重新显示出来。

　　重命名：修改所选工件坐标系的名称。

　　属性：选定坐标系关联的工件，如图 2-31 所示。

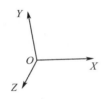

图 2-30　复制工件坐标系

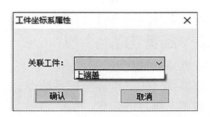

图 2-31　工件坐标系属性界面

2.2.5　任务评价

任务评价如表 2-8 所示。

表 2-8　任务评价表

项目	内容	配分	得分	备注
团队合作	实施任务过程中有讨论	5		
	有工作计划	5		
	有明确的分工	5		
	系统摆放合理、美观	10		

表 2-8（续）

项目	内容	配分	得分	备注
工具应用	插入 POS 点并拾取对应的点	20		
	坐标系的使用方法	30		
6S 管理	完成操作后，工位无垃圾	10		
	完成操作后，计算机等摆放整齐	5		
安全事项	过程中，无损坏设备及人身伤害现象	10		
	总分			

任务 2.3　三维球工具的应用

2.3.1　任务目标

（1）掌握三维球工具的应用；
（2）能够熟练地将零件定位到世界坐标系原点。

2.3.2　任务内容

（1）三维球的使用；
（2）将零件定位到世界坐标系原点；
（3）调整三维球的位置。

2.3.3　知识链接

三维球是一个强大而灵活的三维空间定位工具，它可以通过平移、旋转和其他复杂的三维空间变换精确定位任何一个三维物体。

单击工具栏上的按钮 ![三维球] 打开三维球，如图 2-32 所示，使三维球附着在三维物体之上，从而方便地对它们进行移动和相对定位。

1. 三维球的结构

默认状态下三维球的结构如图 2-33 所示。

图 2-32　三维球位置

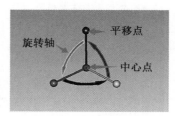

图 2-33　三维球结构图

三维球有一个中心点、一个平移点和一个旋转轴。

（1）中心点主要用来进行点到点的移动。使用的方法是右击鼠标，然后从弹出的菜单中挑选一个选项。

（2）平移点主要有两种用法：一是拖动轴，使轴线对准另一个位置进行平移；二是右击鼠标，然后从弹出的菜单中选择一个项目进行定向。

（3）旋转轴主要有两种用法：一是选中轴后，可以围绕一条从视点延伸到三维球中心的虚拟轴线旋转；二是右击鼠标，然后从弹出的菜单中选择一个项目进行定向。

2. 激活三维球

使用三维球时，必须先选中三维模型，将三维球激活。默认的三维球图标是灰色的，激活后显示为黄色。

3. 三维球颜色

三维球有三种颜色，分别是默认颜色（X、Y、Z 三个轴对应的颜色分别是红、绿、蓝）、白色和黄色。

（1）默认颜色

三维球与物体关联。三维球动，物体会跟着三维球一起动。

（2）白色

三维球与物体互不关联。三维球动，物体不动。

（3）黄色

黄色表示该轴已被固定（约束），三维物体只能在该轴的方向上进行定位。

三维球与附着元素的关联关系，通过键盘空格键来转换。三维球为默认颜色时按下空格键，则三维球会变白。变白后，移动三维球时附着元素不动。

4. 三维球的平移和旋转

（1）平移

将零件模型在指定的轴线方向上移动一定的距离，可在空白数值框内输入平移的距离，单位为 mm，如图 2-34 所示。

（2）旋转

将零件图素在指定的角度范围内旋转一定的角度，如图 2-35 所示。

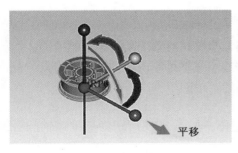

图 2-34　三维球的平移

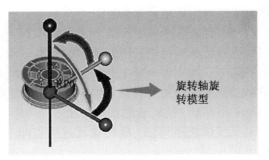

图 2-35　三维球的旋转

5. 中心点的定位方法

三维球的中心点，可进行点定位。如图 2-36 所示为三维球中心点的右键菜单。

（1）编辑位置

选择此选项可弹出位置输入框，如图 2-37 所示，用来输入相对父节点锚点的 X、Y、Z 三个方向的坐标值。

图 2-36   三维球中心点右键菜单

图 2-37   编辑三维球位置

这里的 X、Y、Z 数值代表的是中心点在 X、Y、Z 三个轴方向上的向量值。这里的位置是相对于世界坐标系来说的，填入数值可以改变物体在世界坐标系中的位置。

（2）到点

选择此选项可使三维球附着的元素移动到第二个操作对象上的选定点。

选中三维模型→弹出三维球→选择三维球中心点右键菜单内的"到点"→选中第二个操作对象上的某个点→三维模型定位到选定点的位置，如图 2-38 所示。

（3）到中心点

选择此选项可使三维球附着的元素移动到回转体的中心位置。

选中三维模型→弹出三维球→选择三维球中心点右键菜单内的"到中心点"→选中第二个操作对象上的某个圆弧→三维模型定位到选定点的位置。

（4）点到点

此选项可使三维球附着的元素移动到第二个操作对象上两点之间的中点（第二个操作对象上指定的是两个点）。

（5）到边的中点

选择此选项可使三维球附着的元素移动到第二个操作对象上某一条边的中点。

选中三维模型→弹出三维球→选择三维球中心点右键菜单内的"到边的中点"→选中第二个操作对象上的某条边→三维模型定位到选定边的中点。

6. 平移轴／旋转轴的操作方法

三维球的平移轴／旋转轴可进行方向上的定位。如图 2-39 所示为三维球轴的右键菜单。

（1）到点

到点是指鼠标捕捉的轴指向规定点。

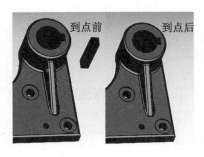

图 2-38　到点

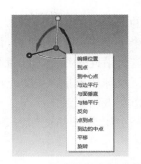

图 2-39　三维球轴的右键菜单

（2）到中心点

到中心点是指鼠标捕捉的轴指向规定圆心点。

（3）与边平行

与边平行是指鼠标捕捉的轴与选取的边平行，如图 2-40 所示。

（4）与面垂直

与面垂直是指鼠标捕捉的轴与选取的面垂直，如图 2-41 所示。

（5）与轴平行

与轴平行是指鼠标捕捉的轴与柱面轴线平行，如图 2-42 所示。

（6）反向

反向是指三维球带动元素在选中的轴方向上转动 180°，如图 2-43 所示。

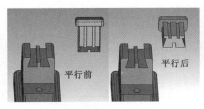

图 2-40　与边平行

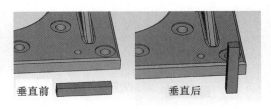

图 2-41　与面垂直

图 2-42　与轴平行

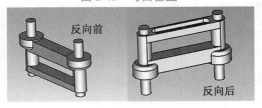

图 2-43　反向

（7）点到点

此选项可以将所选的三维球的操作柄指向所选对象的两点之间的中点位置，同时三维球附着的物体姿态也会跟着调整。

（8）到边的中点

此选项可以将所选的三维球的操作柄指向所选边线的中心点位置，同时三维球附着的物体姿态也会跟着调整。操作步骤如下：

选中三维模型→弹出三维球→选择三维球中心点右键菜单内的"到边的中点"→选中第二个操作对象上的某条边→三维模型定位到选定边的中点。

（9）轴的固定（约束）

单击某个平移轴/旋转轴后，该轴变为黄色，可用来对轴线进行暂时的约束，使三维物体只能进行沿此轴线上的线性平移，或绕此轴线进行旋转。

7. 通过三维球快速插入 POS 点

在选中机器人所安装的工具，并激活三维球的状态下，可以通过快捷键快速插入各种类型的 POS 点，详细描述如表 2-9 所示。

表 2-9　插入 POS 点快捷方式

Ctrl+J	快速插入"Move-Joint"指令点
Ctrl+K	快速插入"Move-AbsJoint"指令点
Ctrl+L	快速插入"Move-Line"指令点

2.3.4　任务实施

将零件定位到世界坐标系原点，将"编辑位置"中的 X、Y、Z 数值改为 0，0，0 即可。

2.3.5　任务评价

任务评价如表 2-10 所示。

表 2-10　任务评价表

项目	内容	配分	得分	备注
团队合作	实施任务过程中有讨论	5		
	有工作计划	5		
	有明确的分工	5		
	系统摆放合理、美观	10		
场景搭建	场景导入正确	10		
	单元位置摆放合理	20		
三维球的应用	三维球位置调整及应用	20		
6S 管理	完成操作后，工位无垃圾	10		
	完成操作后，计算机等摆放整齐	5		
安全事项	过程中，无损坏设备及人身伤害现象	10		
总分				

任务 2.4　校准工具及零件的应用

2.4.1　任务目标

（1）理解工件校准的方法；
（2）掌握点轴校准的过程。

2.4.2　任务内容

（1）工件校准；
（2）点轴校准。

2.4.3　知识链接

1. 工件校准

工件校准命令位于机器人编程→工具中，如图 2-44 所示。工件校准是确保软件的设计环境中机器人和零件的相对位置与真实环境中两者的相对位置保持一致。这里的校准功能还可以对外部工具进行校准，方法与校准工件完全一致。

（1）校准方法

校准方法有两种：三点校准法、点轴校准法。

①三点校准法：通过拾取三个尖点来校准零件、外部工具相对于机器人的位置。

②点轴校准法：通过拾取一个轴和一个点来校准零件、外部工具相对于机器人的位置，一般用来校准没有足够数目尖点（小于 3）的零件。

（2）校准情况

目前，工件校准有两种情况（图 2-45）：

①机器人手持工件，配合外部工具，此时应选择法兰坐标系；

②工件在机器人外，与机器人无接触，此时应选择基坐标系。

图 2-44　校准

图 2-45　工件校准两种情况

两种情况的校准原理、校准步骤都是完全相同的，只有坐标系选择上的区别。

2. 三点校准法的操作步骤

校准界面命令位于机器人编程→工具→校准，如图 2-46 所示为校准操作的具体步骤。

（1）选取的三个点不共线

设计环境中指定的三个点要和真实环境中测量的三个点位置保持一致。

（2）坐标系

这里的坐标系包括基坐标系和法兰坐标系，是指工件位置所参考的坐标系。

①基坐标系：固定在机器人足内，用来说明机器人在世界坐标系中的位置。

②法兰坐标系：固定于机器人的法兰盘上，是工具的原点（一般常见的法兰坐标系都是 Z 轴朝外，X 轴朝下）。

（3）模型

应选择当前需要校准的工件作为模型。

（4）设计环境

设计环境就是 PQArt 软件中的绘图区。

（5）真实环境

真实环境指真机操作环境。

（6）导入

将保存在 txt 文件内的真实环境中测量的数据导入软件。

（7）保存

输入真实环境中测得的三个点数据后，将其保存到文件中（txt），方便下一次读取数据。

（8）预览

①源位置预览：预览校准前的工件位置（以坐标系表示在绘图区中）。

②目标位置预览：预览校准后的工件位置（以坐标系表示在绘图区中）。

3. 点轴校准法的操作步骤

校准界面命令位于机器人编程→工具→校准，如图 2-47 所示。点轴校准法相比三点校准法，本质是一样的。两点确定一个轴，外加一个校准点，也刻意确定一个面，只是这个面的反正不好确定。因此，在实际校准时需要借助"轴翻转"功能做进一步调整。

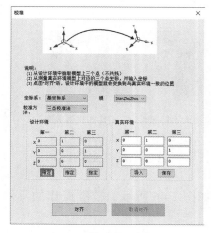

图 2-46　三点校准法界面

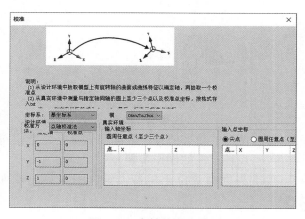

图 2-47　点轴校准法界面

（1）点的指定

"指定轴"下的 X、Y、Z 指的是该条轴坐标系三个方向上的向量，在零件上指定时应选择与轴垂直的一个圆环或者曲面。此时确定的是轴的位置，不包括方向。校准点可选择零件上的任意一点。

（2）导入轴数据

将实际环境中测得的轴数据文件导入，文件格式为 txt，不支持手动输入，节省了录入数据时间。

（3）轴反转

输入虚拟环境和真实环境中的数据后，点击"对齐"，可看到校准后的效果。若发现轴向与预期的不一致，点击"轴反转"即可。"轴反转"即确定了轴的方向。

（4）生成数据范例

将真实环境中的轴数据和点数据生成的 txt 文件导出，以便对其进行查看。真实环境内采集的用来确定轴的点（至少三个），必须从与轴线共轴的圆柱端面边线或圆孔边线上采集。

设计环境内，拾取的校准点不要和轴线相交。

2.4.4　任务实施

以一个工件相对于机器人为例，校准机器人与工件的相对位置。工件校准步骤如表2-11 所示。

表 2-11　工件校准步骤

序号	步骤	图示
1	拾取第一点	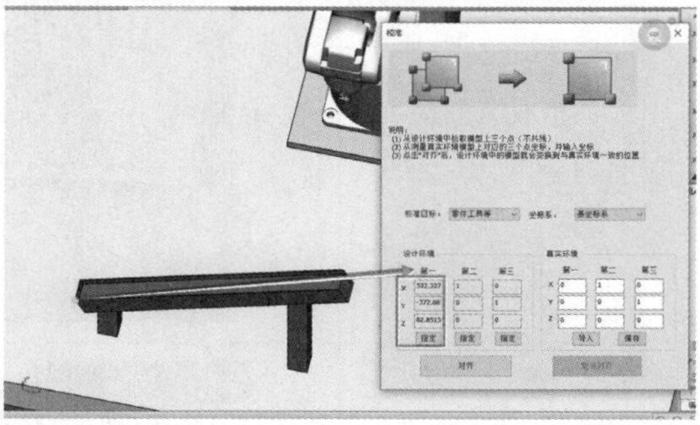
2	输入第一点真实环境坐标	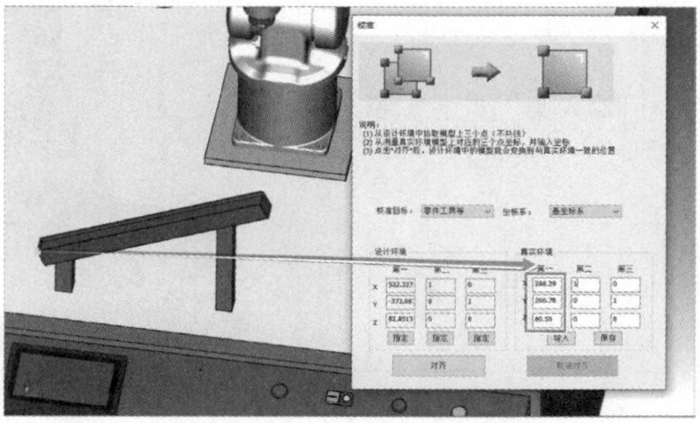

表 2-11（续 1）

序号	步骤	图示
3	拾取第二点	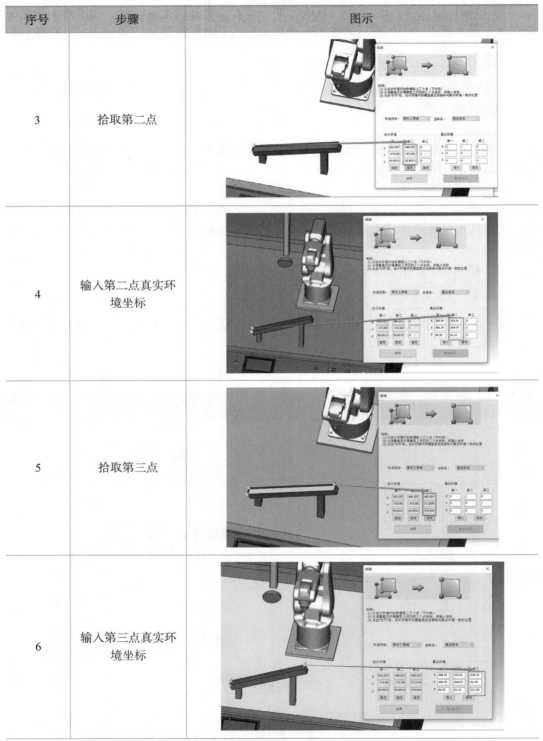
4	输入第二点真实环境坐标	
5	拾取第三点	
6	输入第三点真实环境坐标	

表 2-11（续 2 ）

序号	步骤	图示
7	工件校准结果	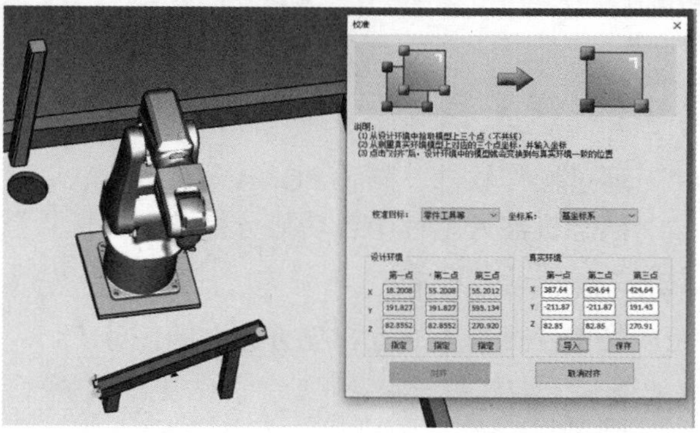

2.4.5 任务评价

任务评价如表 2-12 所示。

表 2-12　任务评价表

项目	内容	配分	得分	备注
团队合作	实施任务过程中有讨论	5		
	有工作计划	5		
	有明确的分工	5		
	系统摆放合理、美观	10		
任务实施	工件校准步骤	20		
	单元位置摆放合理	30		
6S 管理	完成操作后，工位无垃圾	10		
	完成操作后，计算机等摆放整齐	5		
安全事项	过程中，无损坏设备及人身伤害现象	10		
总分				

从零开始搭
建工作站

任务 2.5　机器人编程

2.5.1　任务目标

（1）通过操作软件，熟悉 PQArt 软件界面；

（2）熟悉机器人编程中各功能分栏并掌握场景搭建。

2.5.2　任务内容

完成将工业机器人放置在立方体上的任务。

2.5.3　知识链接

1. 软件界面

软件界面主要分为八大部分：标题栏、菜单栏（机器人编程、工艺包、自定义）、绘图区、机器人加工管理面板、调试面板、机器人控制面板、输出面板和状态栏，如图2-48 所示。

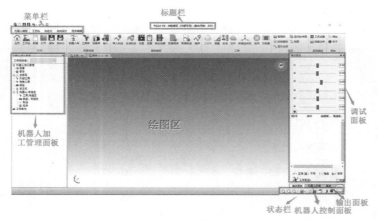

图 2-48　软件界面

2. 机器人编程

机器人编程可进行场景搭建、轨迹设计、模拟仿真和后置生成代码等操作，包括文件、场景搭建、基础编程、工具、显示、高级编程和帮助七个功能分栏。下面介绍两个主要的功能。

（1）文件

文件的新建、打开和保存如图 2-49 所示。PQArt 打开和保存的文件均为工程文件robx。

图 2-49 文件菜单栏

（2）场景搭建

一般情况下绘图区为空，需要先导入工作设备和执行对象，包括机器人、工具、零件、底座、状态机等，即进行场景搭建，如图 2-50 所示。

图 2-50 场景搭建菜单栏

①机器人库：用于导入官方提供的机器人。

列表中涵盖了众多市场上流行的机器人品牌，如 ABB、KUKA 等。

插入官方机器人模型：单击"下载/插入"按钮即可插入机器人模型；单击机器人图片，可查看机器人的具体参数，包括轴数、负载、工作区域等，同时"看了又看"中推荐出相似参数的机器人型号。界面采用网页形式，支持机器人品牌、型号的筛选、搜索和排序。

②工具库：用于导入官方提供的工具。导入工具之前，必须先导入机器人，否则会弹出警告。工具的格式为 robt。与机器人库相似，工具库支持筛选、搜索和排序。

③设备库：用于导入官方提供的零件、底座、状态机等。其中，零件包括场景零件和加工零件。场景零件用来搭建工作环境，加工零件是机器人加工的对象。

设备库同样支持进行筛选、搜索和排序。

2.5.4 任务实施

场景搭建，详细描述如表 2-13 所示。

表 2-13 场景搭建

序号	步骤	图示
1	点击"机器人库"	

表 2-13（续）

序号	步骤	图示
2	插入机器人"ABB-IRB120"	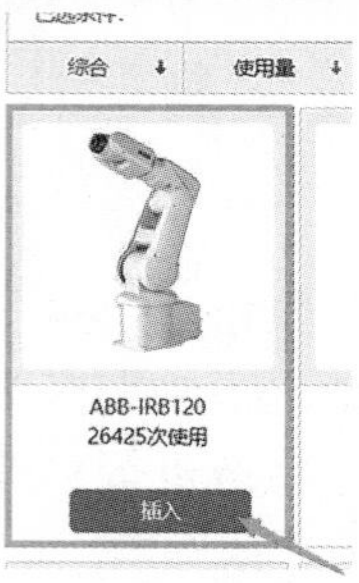
3	点击"设备库"	
4	插入"立方体（250）"	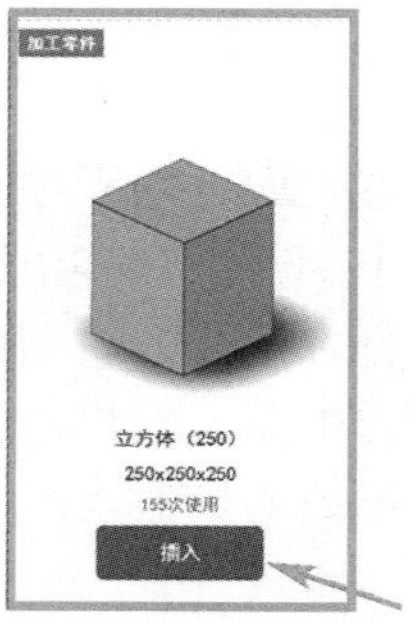
5	点击三维球进行调整	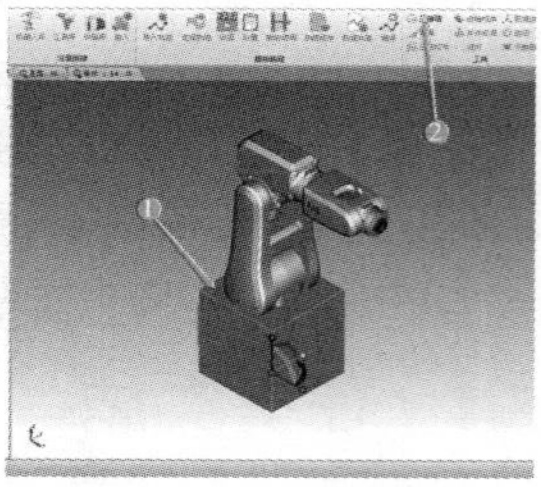

自定义机
器人

2.5.5 任务评价

任务评价如表 2-14 所示。

表 2-14 任务评价表

项目	内容	配分	得分	备注
团队合作	实施任务过程中有讨论	5		
	有工作计划	5		
	有明确的分工	5		
	系统摆放合理、美观	10		

表2-14（续）

项目	内容	配分	得分	备注
场景搭建	场景导入正确	10		
	单元位置摆放合理	40		
6S 管理	完成操作后，工位无垃圾	10		
	完成操作后，计算机等摆放整齐	5		
安全事项	过程中，无损坏设备及人身伤害现象	10		
总分				

 任务 2.6　机器人其他功能

2.6.1　任务目标

学习工业机器人其他功能，使学生了解软件工艺包中主要功能分栏的概念，掌握码垛、拆垛工艺界面设置等，为后期完成位置调整和较为复杂工艺打下一定的基础。

2.6.2　任务内容

（1）会使用软件工艺包和机器人控制面板功能，码垛完成平台搭建；
（2）掌握码垛、拆垛工艺界面设置。

2.6.3　知识链接

1. 工艺包

工艺包中包含每个工艺的具体参数，可非常简便地实现切孔和码垛工艺，并进行仿真，如图 2-51 所示。

图 2-51　工艺包

（1）仿真：与"机器人编程内"的仿真是同一个功能，可以在上真机前，对做好的轨迹进行仿真模拟，找出机器人运动时的碰撞、不可达、奇异点等问题，为进一步编辑完善、优化轨迹提供参考依据。

（2）切孔工艺：可以做类似于 CAM 内的铣圆孔，让机器人手持铣刀（末端执行器），进行铣孔洞或铣外圆操作。

（3）码垛工艺：可以通过码垛和拆垛工艺快速生成码垛和拆垛的轨迹。

注意：需要事先做好抓取物块和放开物块的轨迹，并对抓取物块和放开物块的轨迹进行合并后，码垛轨迹才能使用。拆垛轨迹一旦生成，和码垛轨迹就无关联（可以删除它，或调整它们的次序），这样变通可以实现先拆垛，再码垛。

2. 自定义

PQArt 支持但不限于自定义机器人、机构、工具、零件、底座以及后置，可以依据用户需求开发其他自定义功能，基本可以满足各种需求，如图 2-52 所示。

图 2-52　自定义

自定义
机构

（1）输入：软件支持多种不同格式的模型文件，如图 2-53 所示。其中涵盖了众多市场上流行的 3D 绘图软件所制作的模型格式。

Supported formats (*.ast *.bms *.brep *.brp *.iges *.igs *.iv *.obj *.off *.ply *.step *.stl *.stp *.vrml *.wrl *.wrl.gz *.wrz)
Alias Mesh (*.obj)
BREP format (*.brep *.brp)
Binary Mesh (*.bms)
IGES format (*.iges *.igs)
Inventor V2.1 (*.iv)
Object File Format Mesh (*.off)
STEP with colors (*.step *.stp)
STL Mesh (*.stl *.ast)
Stanford Triangle Mesh (*.ply)
VRML V2.0 (*.wrl *.vrml *.wrz *.wrl.gz)
All files (*.*)

图 2-53　PQArt 支持的软件格式

（2）导入机器人：导入自定义的机器人，支持的文件格式为 robrd。

（3）定义机器人：定义通用六轴机器人、非球型机器人、SCARA 四轴机器人。

（4）定义机构：定义 1~N 轴的运动机构。

（5）定义工具：定义法兰工具、快换工具、外部工具。

（6）定义零件：将各种格式的 CAD 模型定义为 robp 格式的零件。

（7）定义底座：将各种格式的 CAD 模型定义为 robs 格式的底座。

（8）自定义后置：用户自定义自家机器人的后置格式。

（9）定义状态机：将各种格式的 CAD 模型定义为 robm 格式的状态机。

自定义状
态机

3. 绘图区

绘图区为软件界面中心的蓝色区域，用于场景搭建和轨迹的添加、显示及编辑等。导入的对象和对导入对象进行的各种操作，只要没有选择隐藏的，都会显示在绘图区中，如图 2-54 所示。

左下角的坐标系为绝对坐标轴（世界坐标系的方位指示器），它的 X、Y、Z 三个轴的朝向与世界坐标系保持一致。

在电脑有多个显示器的情况下，鼠标单击绘图区后，按键盘的 F11 键，才会弹

图 2-54　绘图区

出选择屏幕的窗口；若电脑只有一个显示器，则按键盘的 F11 键后，直接全屏（全屏后再次按 F11 键，退出全屏）。

全屏显示时，右下角会显示 PQArt 字样，如图 2-55 所示。

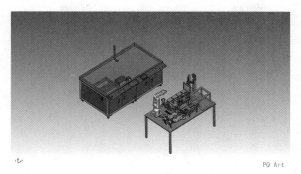

图 2-55　全屏显示

4. 机器人加工管理面板

机器人加工管理面板主要是全局浏览软件中所有模型和操作，使所有目标对象可以方便管理、简便操作以及直观清晰地查看，如图 2-56 所示。

机器人加工管理面板位于软件界面左侧。面板下挂有八个节点，包括场景、零件、坐标系、外部工具、快换工具、底座、机器人以及工作单元。机器人下还有工具、底座、轨迹和程序等子节点。

点开 🞧 查看该条目下的子节点；点击 ⊟ 收起子节点列表。

一般来说，每个子节点的右键菜单中都包括了该对象的所有操作，可快捷方便地执行多种指令。

如"程序"下的子节点"NewProgram"，右键菜单中包含了多种功能指令，如图 2-57 所示。

图 2-56　机器人加工管理面板

图 2-57　程序树形图

选择处于工作状态的设备（机器人），如图 2-58 所示。

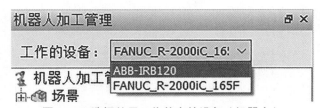

图 2-58　选择处于工作状态的设备（机器人）

5. 机器人控制面板

此面板控制机器人的关节运动，调整其姿态，读取机器人的关节值，以及使机器人回到机械零点，如图 2-59 所示。机器人控制面板位于软件界面右侧。机器人控制面板分为机器人空间和关节空间两个部分。

（1）机械零点：机器人出厂时的初始姿态。

（2）机器人空间：模拟示教器控制机器人，如图 2-60 所示。

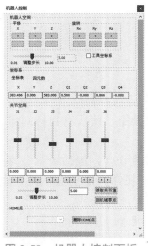

图 2-59　机器人控制面板

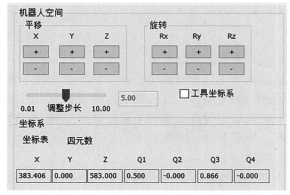

图 2-60　机器人空间

坐标用四元数来表示的机器人有 ABB，其他品牌机器人一般用欧拉角来表示。

①平移：利用 ┌─+─┐ 和 ┌─-─┐ 控制机器人向 X（前后）、Y（左右）、Z（上下）等方向平移。

②旋转：利用 ┌─+─┐ 和 ┌─-─┐ 控制机器人以 X、Y、Z 三个方向为中心旋转。

③坐标表示：根据机器人品牌来确定坐标用四元数还是欧拉角来表示。

④工具坐标系：以工具坐标系的原点来确定机器人的位置。

⑤调整步长：这里的步长指的是机器人平移、旋转运动幅度的大小，从 0.01 到 10幅度依次加大。

（3）关节空间，如图 2-61 所示。

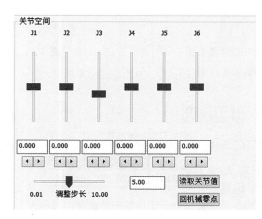

图 2-61　关节空间

■上下移动调整机器人的关节角度值，具体数值显示在 ⌈0.000⌋ 中。

其中，±170，–65~150 等为六个轴的活动范围。◁▷ 减小或增大某个轴的关节角，数值改变间隔即为步长。如设定步长为 5.00，J1 的关节角度初始值为 90。点击 ▷ 增加关节角，则数值会变为 95。

（4）HOME 点，如图 2-62 所示。

图 2-62　HOME 点

此空间用来显示已保存的 HOME 点，还可以删除 HOME 点。

6. 输出面板

输出面板位于软件界面右侧。仿真功能模拟的是机器人在实际环境中的运动路径和状态。仿真时，输出面板会显示出机器人执行的事件和命令，以及有问题的轨迹点。

双击输出面板中的提示事件，机器人姿态会更改到事件被执行时的状态。同时，面板会输出有问题的轨迹点。出现这种情况后，需要对轨迹点的姿态进行调整。

7. 调试面板

调试面板位于软件界面右侧，如图 2-63 所示。调试面板与机器人姿态和轨迹点特征紧密联系。

（1）该面板用于调试机器人的关节角，改变机器人的姿态，如图 2-64 所示。

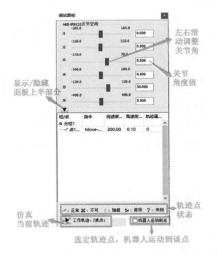

图 2-63　调试面板

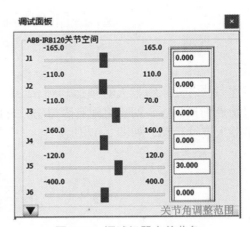

图 2-64　调试机器人关节角

J1、J2、J3、J4、J5、J6 分别代表机器人的一轴、二轴、三轴、四轴、五轴和六轴。

其中，±165，±110，–90~70，±160，±120，±400 分别表示每个关节的旋转角度范围，通过小滑块上下移动，在这六个范围内改变六个轴的关节角度值。

（2）更改轨迹点的运动指令、速度和轨迹逼近值，并且显示出机器人在该轨迹点执行的事件，如图 2-65 所示。

组/点	指令	线速度…	角速度…	轨迹逼…
♣ 分组1				
└✔ 点1…	Move-…	200.00	0.10	0

图 2-65　调试面板示意图

轨迹点的指令：包括 Move-Line、Move-Joint、Move-AbsJoint 和 Move-Circle 四种，具体功能参考表 2-4。

轨迹点的速度：轨迹点（轨迹、机器人）在真机环境中的运动速度，单位为 mm/s，可生成后置代码导入示教器中。

轨迹逼近：轨迹的平滑圆弧过渡。有时机器人运动到某个轨迹点时会暂停，即速度为 0。该指令可以防止机器人在该点出现精确暂停，让其形成一个抛物线的轨迹，即实现圆弧过渡。

如图 2-66 所示，机器人从 p1 运动到 p2，再到 p3，最后到 p4。轨迹逼近值上限为 p2 到 p3 直线距离的一半。机器人运动到 p2、p3 时速度为 0。这时设定"轨迹逼近"的数值为 8 mm，那么机器人的运动路径为黑色曲线，绕过了 p2 和 p3。

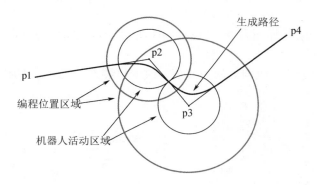

图 2-66　轨迹逼近

注意：若要求机器人必须运动到 p2 或者 p3，就不能用该指令。另外，若原轨迹是从起始点到目标点，两点之间有障碍物，可以插入一个过渡点，然后使用轨迹逼近，可使机器人连续运动，如图 2-67 所示。

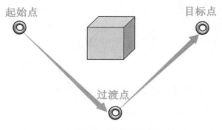

图 2-67　轨迹逼近

（3）需要对当前选中的轨迹直接仿真，点击 出现仿真管理面板，执行仿真操作。同时面板上还显示出该条轨迹的名称。

（4）使机器人运动到某个点，勾选面板中的"机器人运动到点"后，只需单击目标点即可让机器人运动到该点。

（5）查看五种不同轨迹点颜色的含义，如图2-68所示。

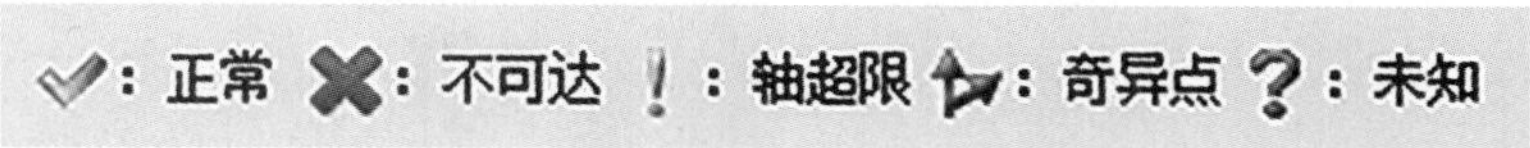

✔：正常　✗：不可达　！：轴超限　↖：奇异点　？：未知

图 2-68　轨迹状态

①绿色✔：表示该轨迹点是完全正常的。

②黄色！：表示轴超限，机器人的运动超过了某个关节的运动范围。

③红色✗：表示不可达点，机器人距离目标太远，此时需要调整机器人与工件或外部工具的距离。

④灰色？：表示不知道该轨迹点的当前状态。

⑤紫色↖：表示奇异点。

什么是奇异状态和奇异点？

奇异状态一般指工业机器人机器手臂出现的运动故障，在该状态下失去了一些运动自由。而奇异点就是造成机器人出现奇异状态的点。

如图2-69所示，机器人的四轴和六轴同轴，五轴为0°，因此产生了奇异点。

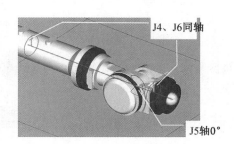

图 2-69　奇异点

8.状态栏

状态栏包括视向、模型绘制样式等功能，并有功能提示，如图2-70所示。其包括以下按钮：

（1）🔍 功能是显示全部。点击该按钮后，所有导入的模型都会显示在绘图区。

（2）🔲 将选中的模型放大到视野中心。

（3）⊘ 包含了五种模型的绘制样式，不同样式会有不同的模型绘制效果。

（4）七个按钮分别为七个不同的视向：轴侧图、前视图、顶视图、右视图、后视图、底视图、左视图，对应0，1，2，3，4，5，6数字键。

图 2-70　状态栏

2.6.4　任务实施

（1）工作站的导入与平台搭建如表2-15所示。

表 2-15　工作站的导入与平台搭建

序号	步骤	图示
1	打开"PQArt"软件后单击"新建"	
2	在"机器人编程"中"文件"页面点击"工作站"	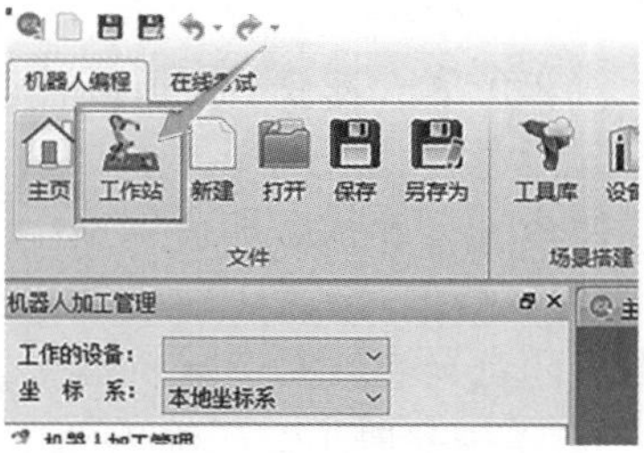
3	选择"工业机器人 PCB"异形插件工作站并点击插入	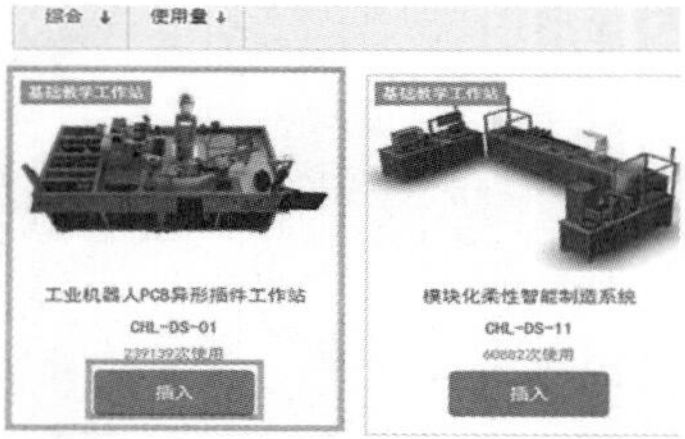
4	插入完成后等待工作站加载完毕	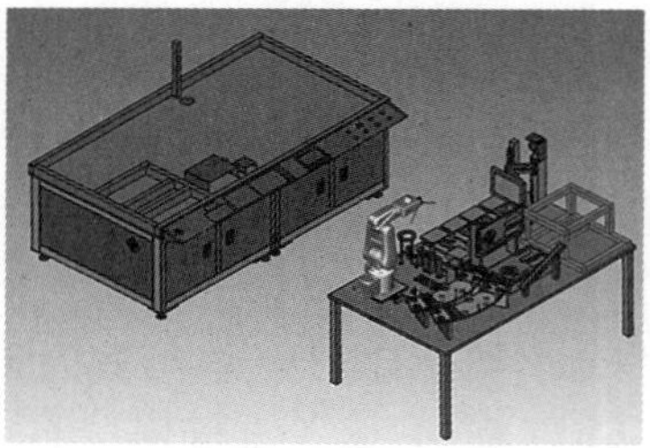
5	鼠标左键单击选中机器人，打开三维球	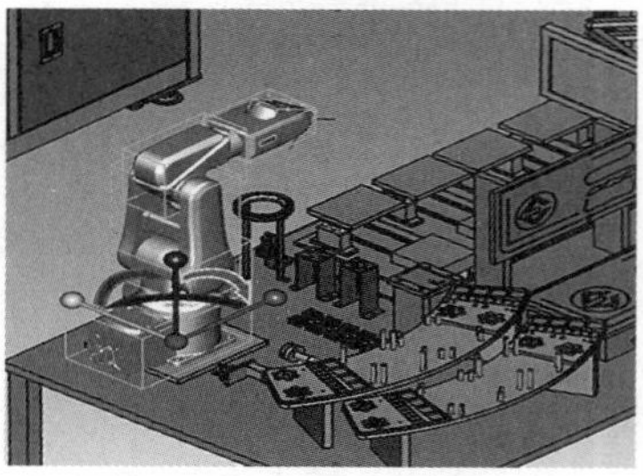

表 2-15（续 1）

序号	步骤	图示
6	按下键盘空格键使三维球进入编辑状态	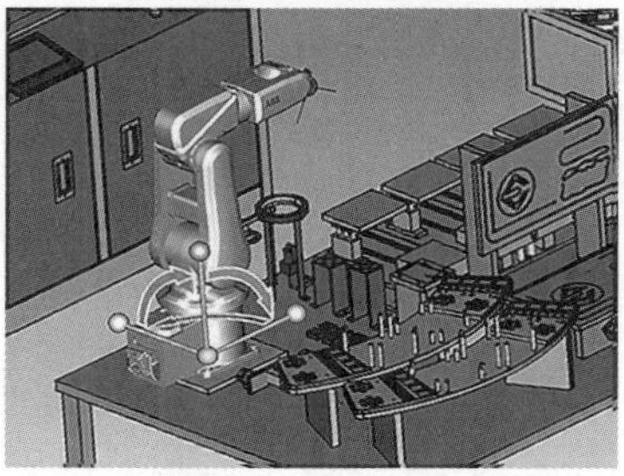
7	鼠标右击三维球中心点选择"到中心点"	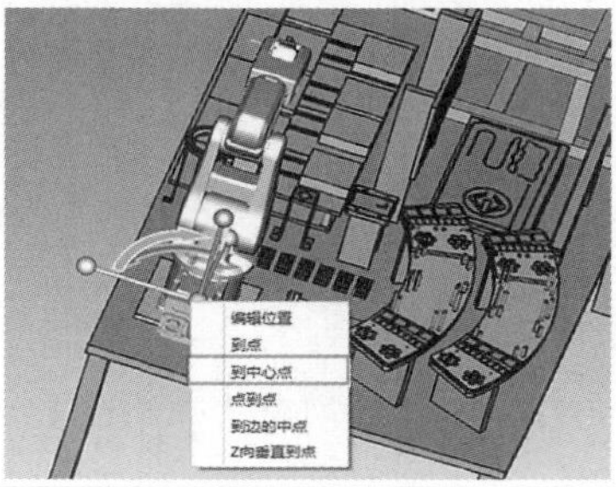
8	对准机器人底部基座，并单击鼠标左键，使三维球移动到如右图所示位置	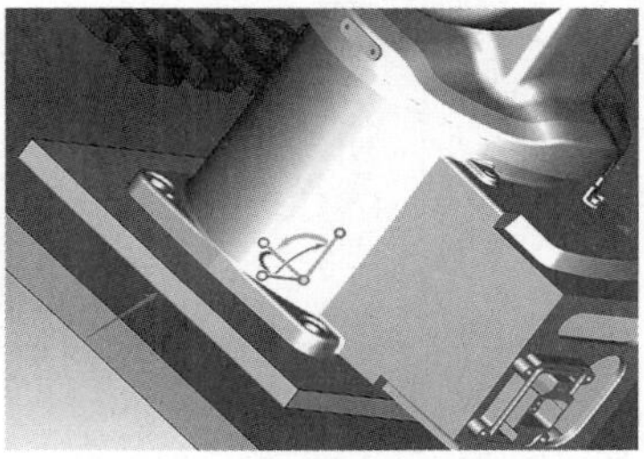
9	效果如右图所示	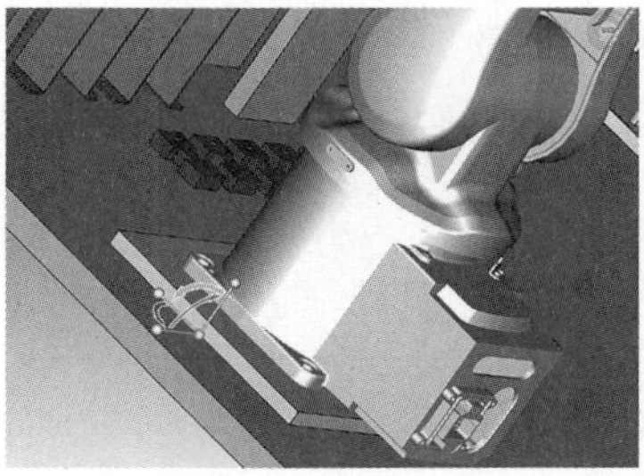
10	再次按下键盘空格键，使三维球恢复初始状态	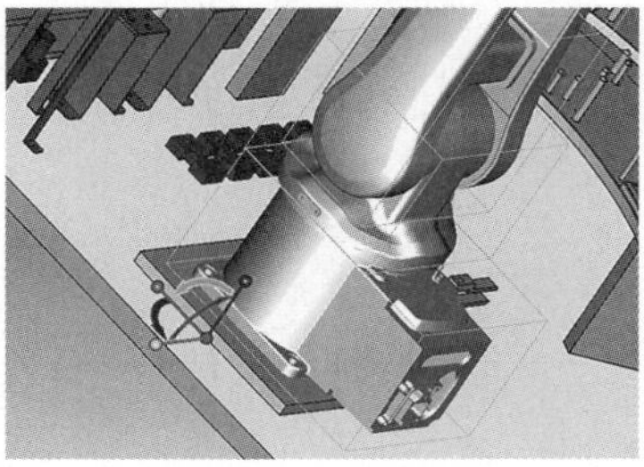

表 2-15（续 2）

序号	步骤	图示
11	右击三维球中心点选择"到点"	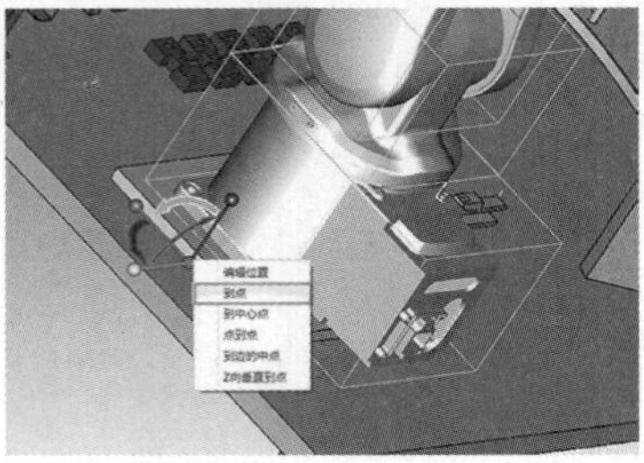
12	点击右图中工作单元的任意一处地方，使机器人摆放到工作台上	
13	效果如右图所示	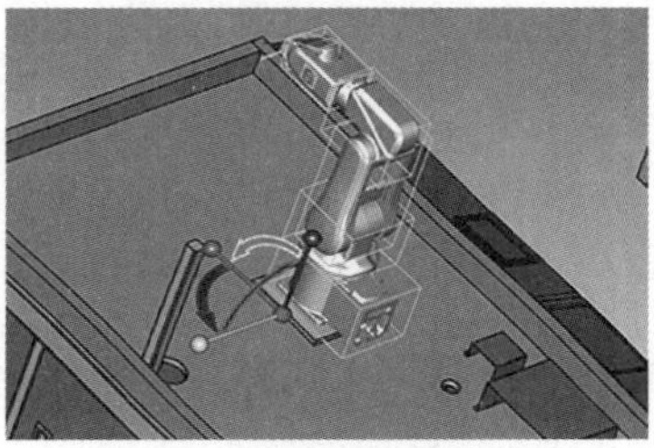
14	鼠标左键拖动鼠标所指的三维球方向	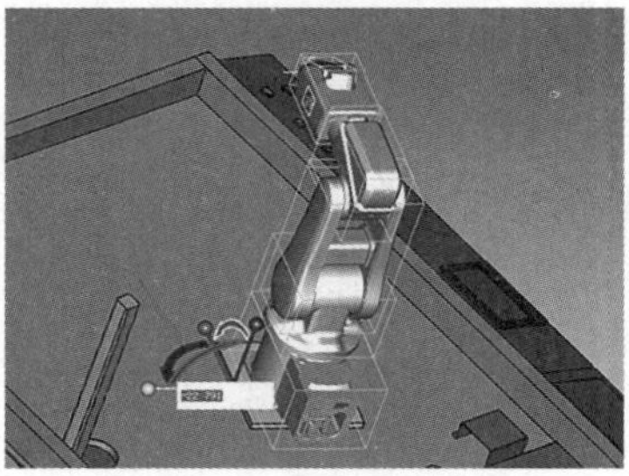
15	在输入框里输入 –90，并按下回车键	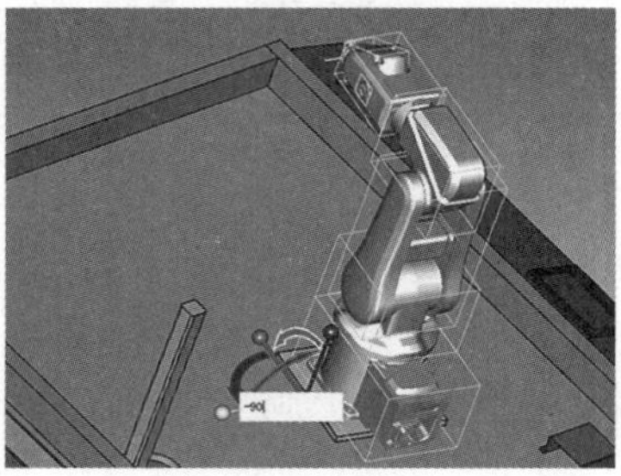

表 2-15（续 3）

序号	步骤	图示
16	效果如右图所示	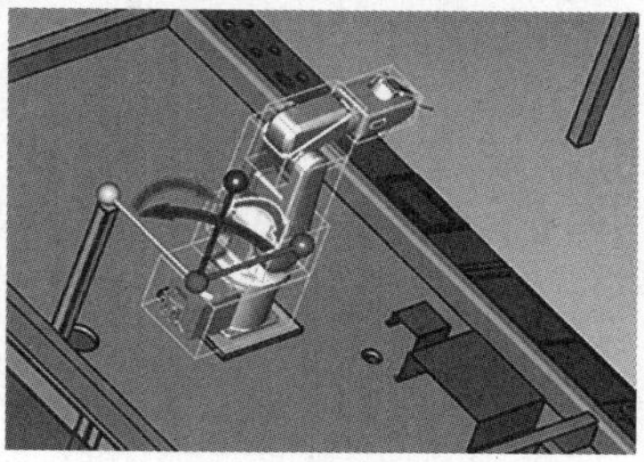
17	关闭三维球	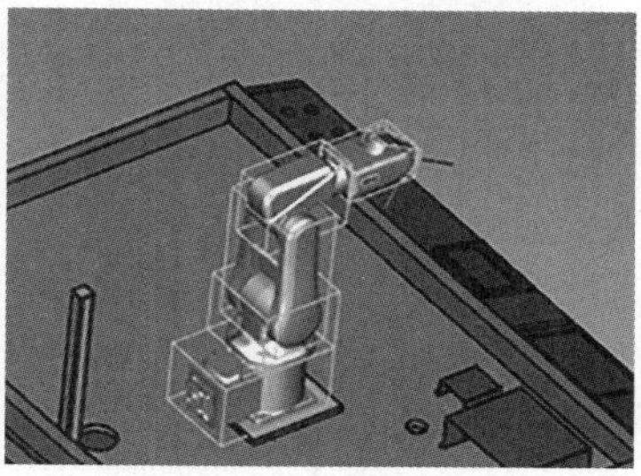
18	把码垛平台 A 和码垛平台 B 移动到工作台上	 
19	在"机器人编程"中"工具"页面点击"三点校准"	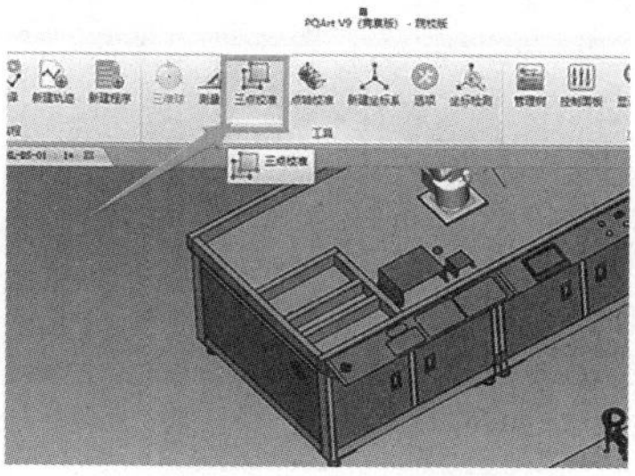
20	在"设计环境"里指定三个"码垛平台 A"的三个点	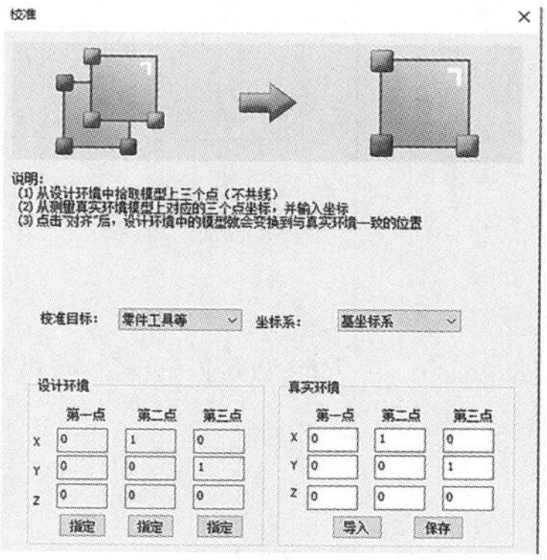

表 2-15（续 4）

序号	步骤	图示
21	按照右图所示选择"码垛平台 A"的三个点	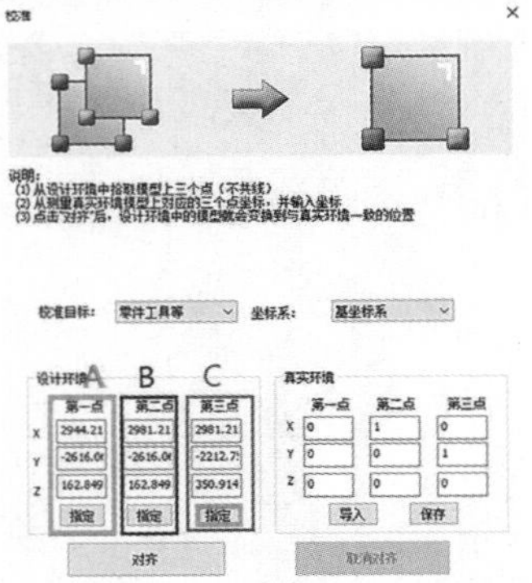
22	真实环境需在真机里自己标定 TCP 定点后测量出三个点对应的 X、Y、Z 轴的位置	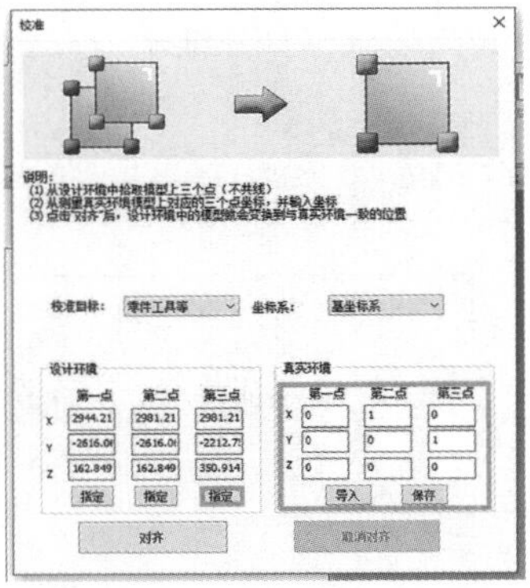
23	测量完成并输入三个点的真实位置后点击"对齐"	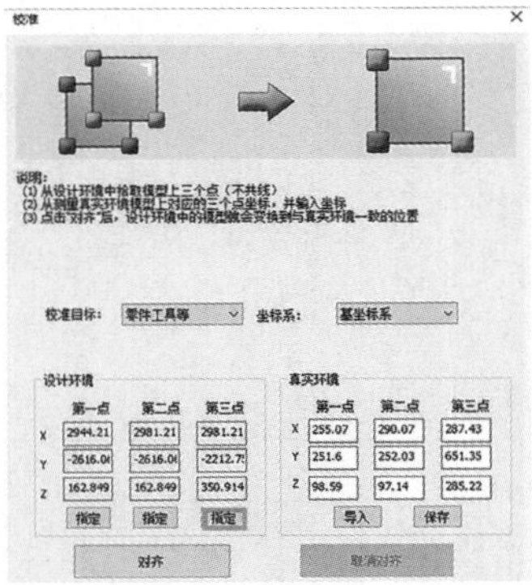
24	"码垛平台 A"就被移动到了工作站上	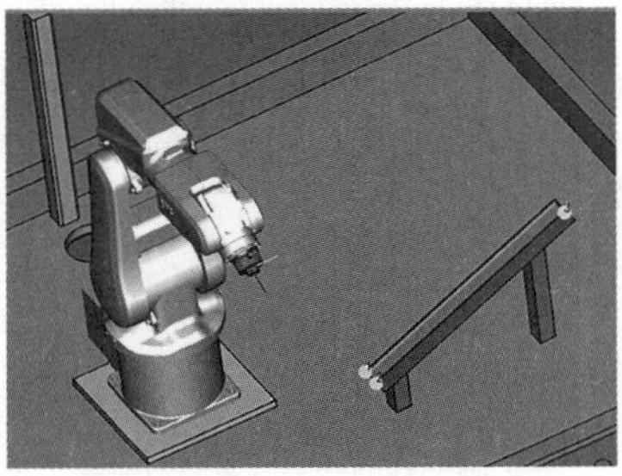

表 2-15（续 5）

序号	步骤	图示
25	"码垛平台 B"的移动方法与"码垛平台 A"的移动方法一致	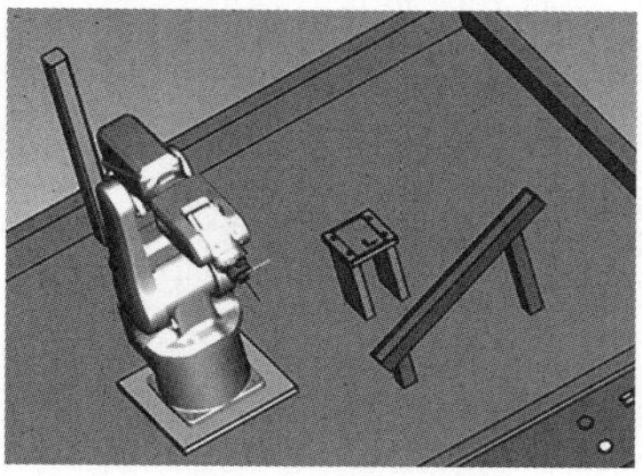

（2）物料的放置搭建如表 2-16 所示。

表 2-16　物料的放置搭建

序号	步骤	图示
1	"码垛平台 A"和"码垛平台 B"都移动到工作站后选择一块物料	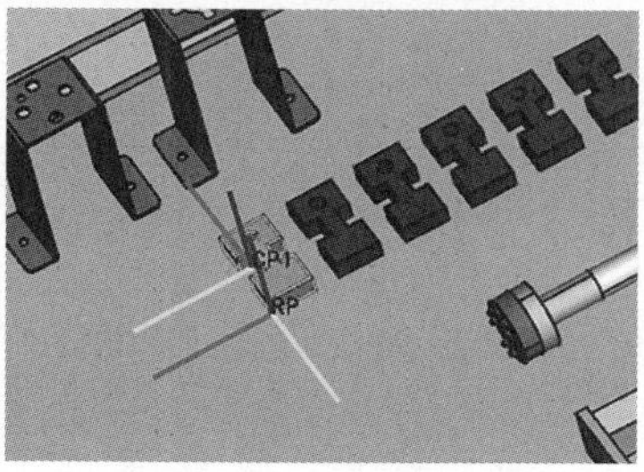
2	打开三维球，右击中心点选择"到点"	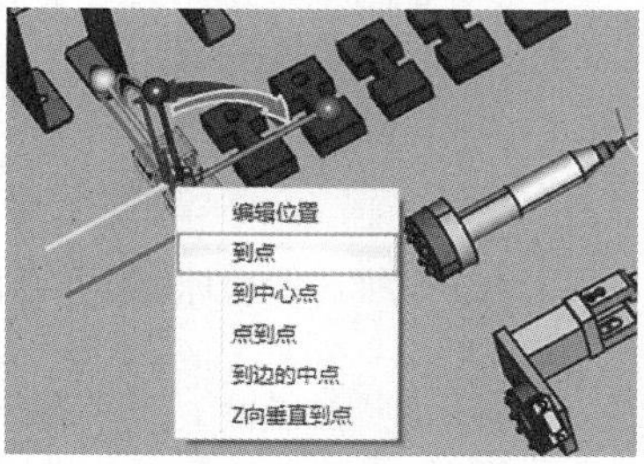
3	放到"码垛平台 A"中	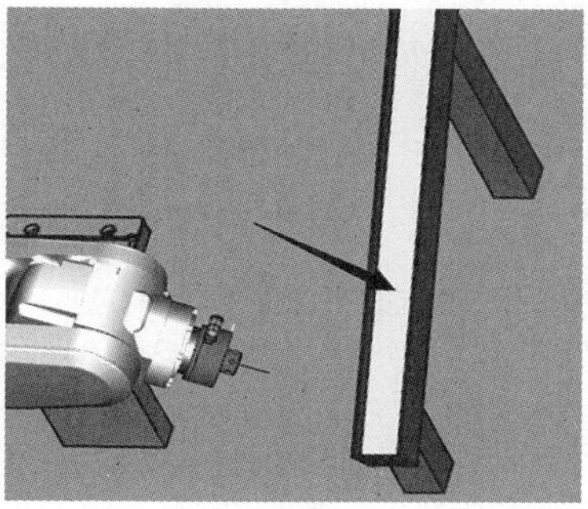

表 2-16（续1）

序号	步骤	图示
4	效果如右图所示	
5	右击三维球 Y 坐标选择"与面垂直"	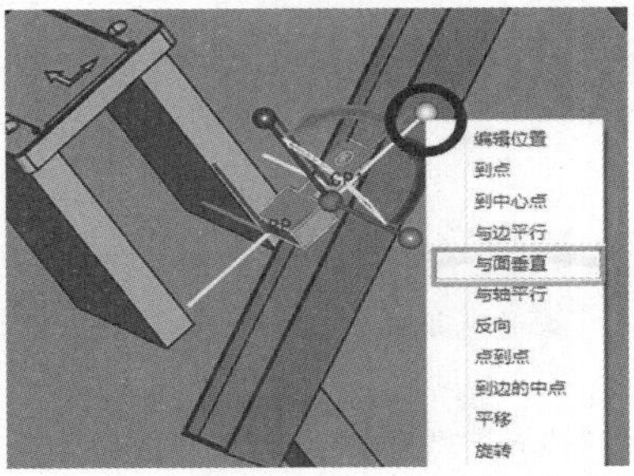
6	单击如右图箭头所示的面	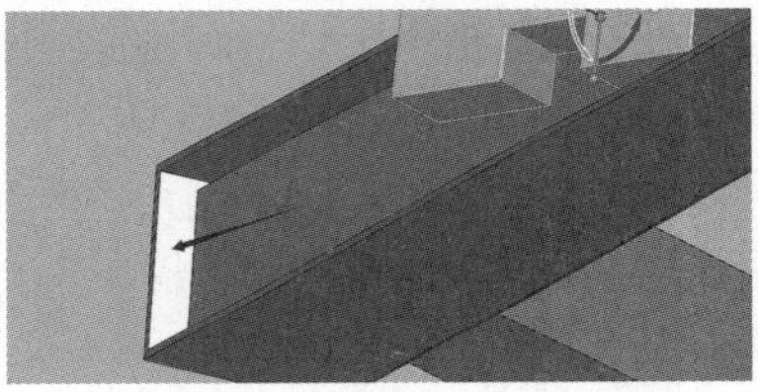
7	右击三维球 X 坐标选择"与面垂直"	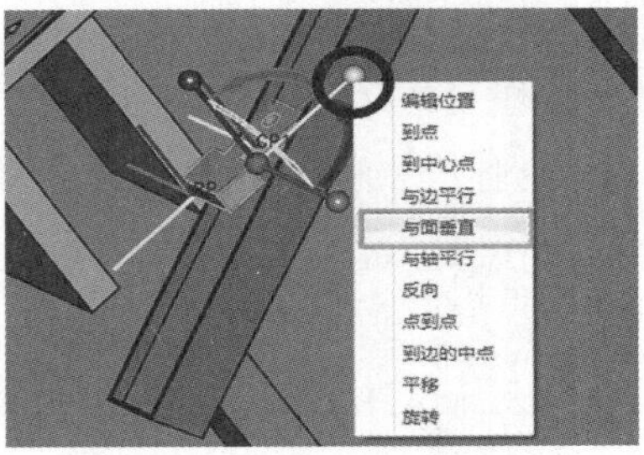
8	单击如右图箭头所示的面	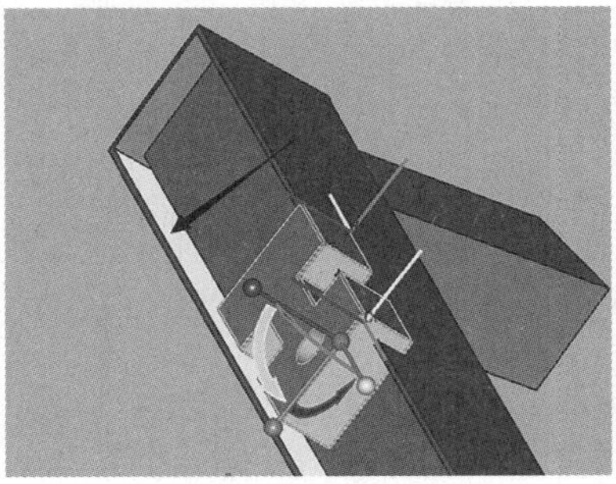

表 2-16（续 2）

序号	步骤	图示
9	按下键盘空格键使三维球进入编辑状态，并右击中心点选择"到中心点"	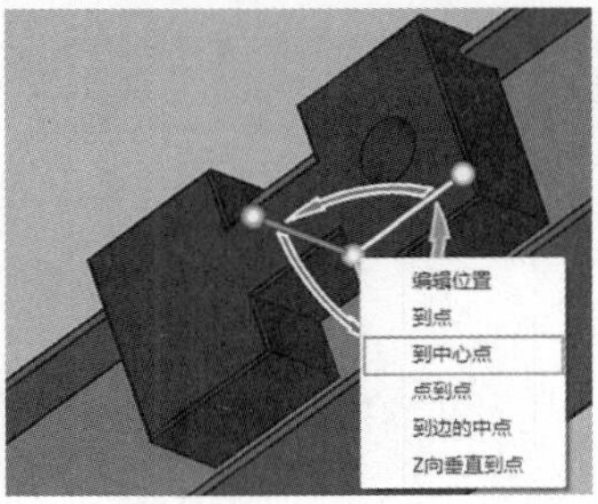
10	选择物料的底部	
11	效果如右图所示	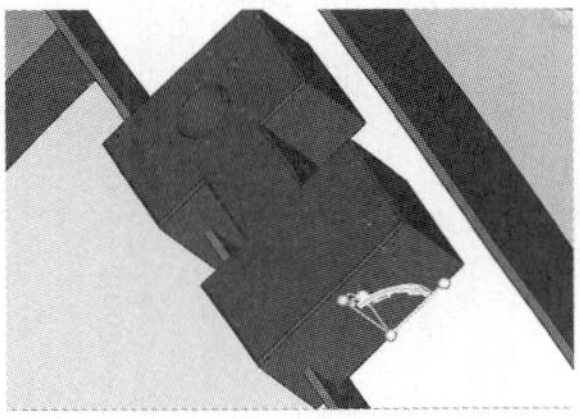
12	再次按下空格键使三维球恢复初始状态，并右击中心点选择"到中心点"	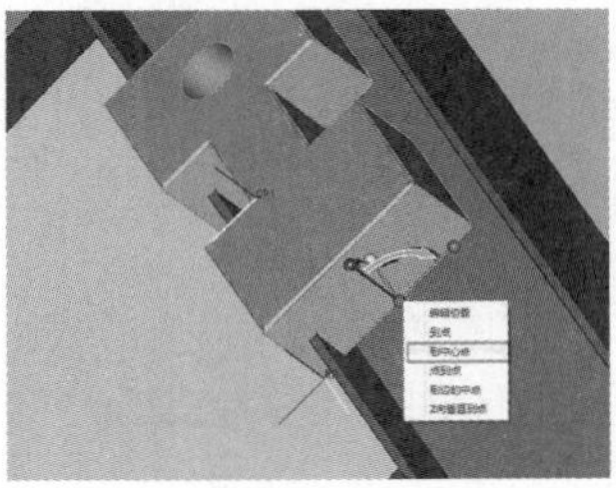
13	选择"码垛平台 A"底部线条	
14	物料就被安置在"码垛平台 A"底部的第一个位置	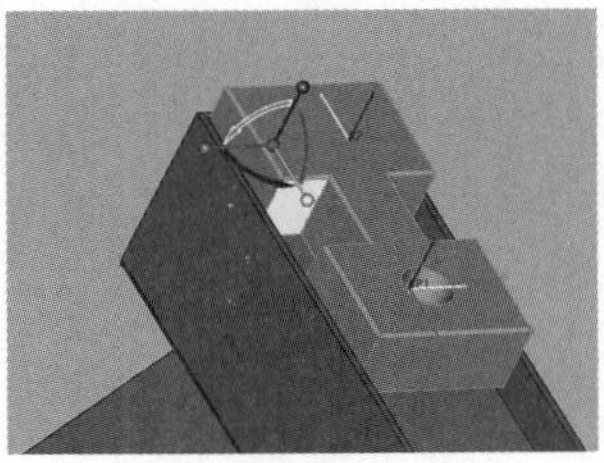

（3）夹具的安装与码垛工艺设置如表2-17所示。

表2-17　夹具的安装与码垛工艺设置

码垛案例	序号	步骤	图示
	1	右击夹爪工具选择"安装（改变状态－无轨迹）"	
	2	把夹爪装配到机器人法兰处	
	3	右击机器人插入POS点	
	4	把该轨迹分组命名为"home"	
	5	右击夹爪工具选择"抓取（生成轨迹）"	

表 2-17（续 1）

序号	步骤	图示
6	选择放置在"码垛平台 A"的物料	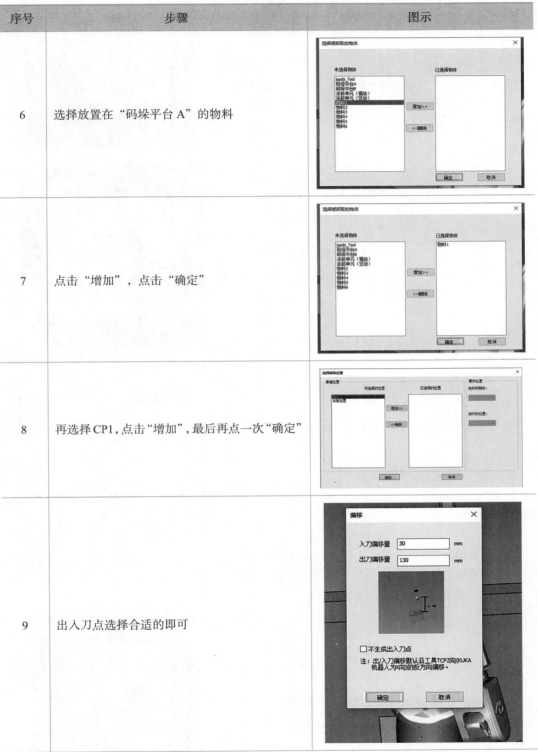
7	点击"增加"，点击"确定"	
8	再选择 CP1，点击"增加"，最后再点一次"确定"	
9	出入刀点选择合适的即可	

表 2-17（续 2）

序号	步骤	图示
10	点击确定生成取物料的轨迹，并对入刀点的速度进行修改	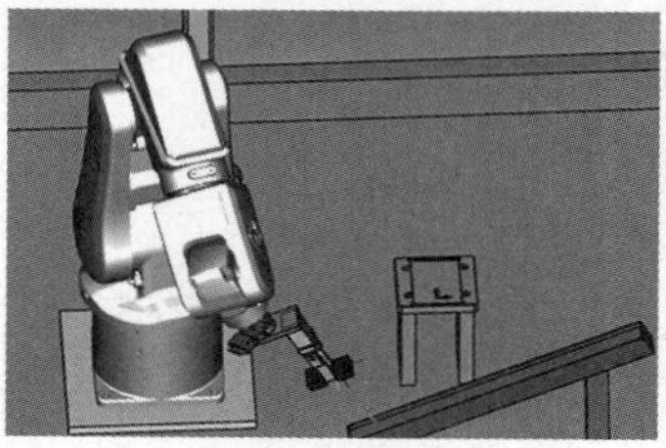
11	右击夹爪工具选择"放开（生成轨迹）"	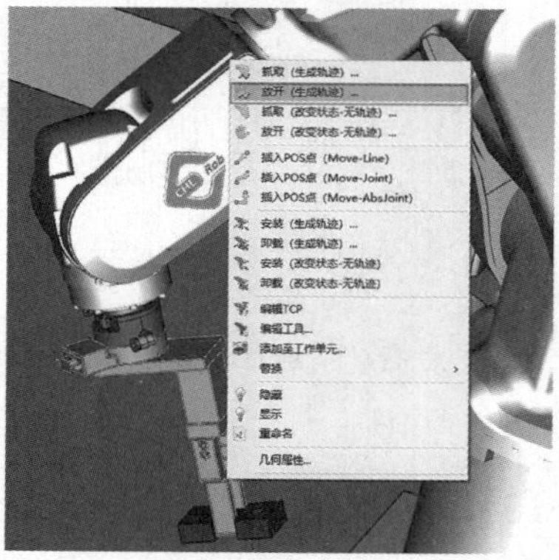
12	选择"物料 1"点击增加，再点击"确定"	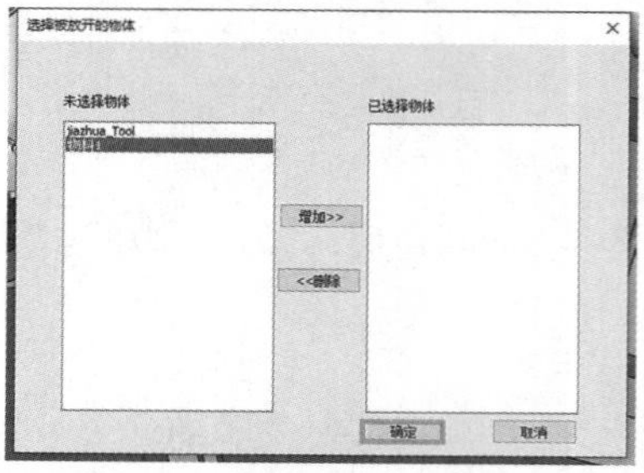
13	承接位置选择"码垛平台 B"可选择的位置，选择"RP1"。点击"增加"，最后点击"确定"	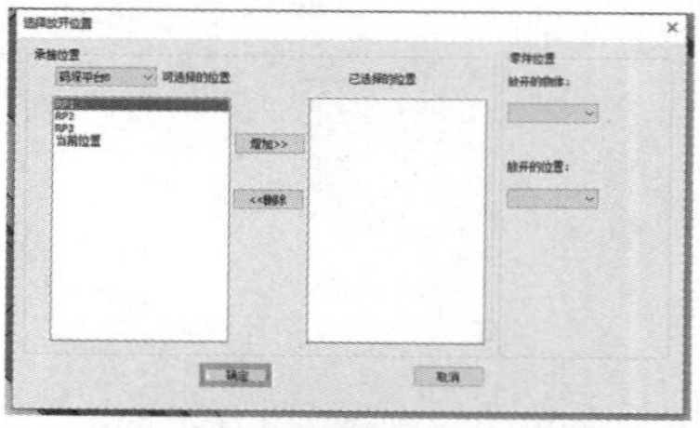
14	同理，出入刀点选择一个合适的量即可	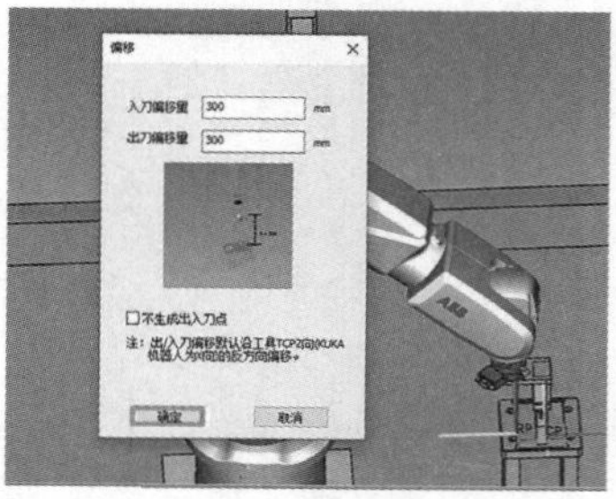

表 2-17（续 3）

序号	步骤	图示
15	将入刀偏移量和出刀偏移量改为 80 mm	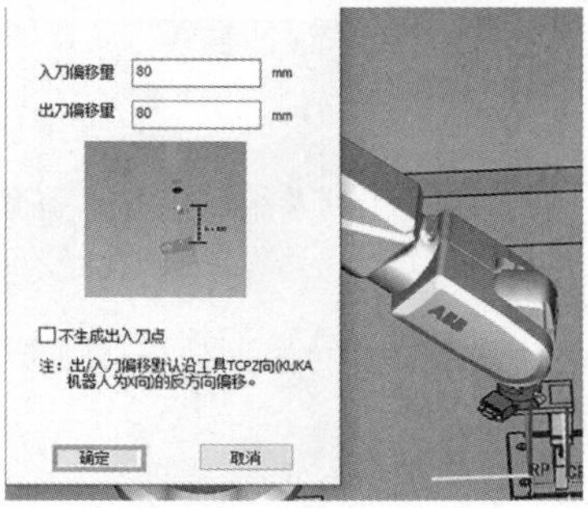
16	点击确定生成轨迹，并对入刀点的速度进行修改	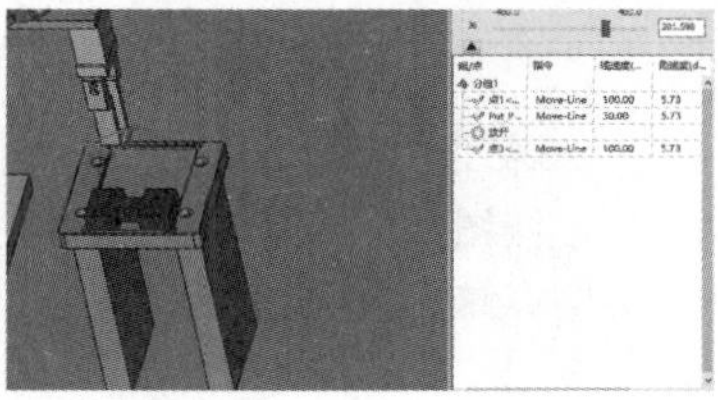
17	按住键盘"Shift"键并选择"抓取"与"放开"两条轨迹	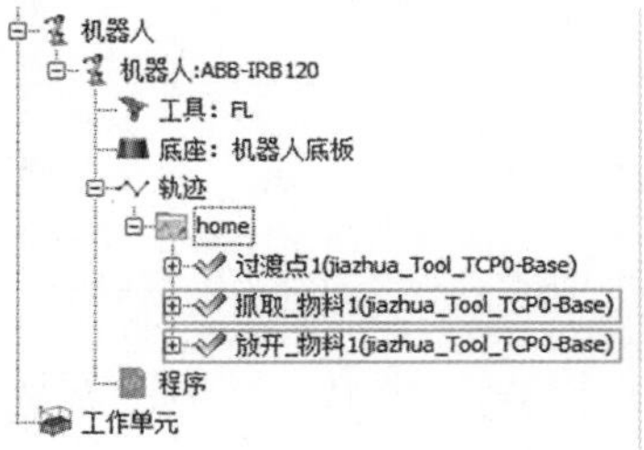
18	右击弹出菜单选择"合并轨迹"	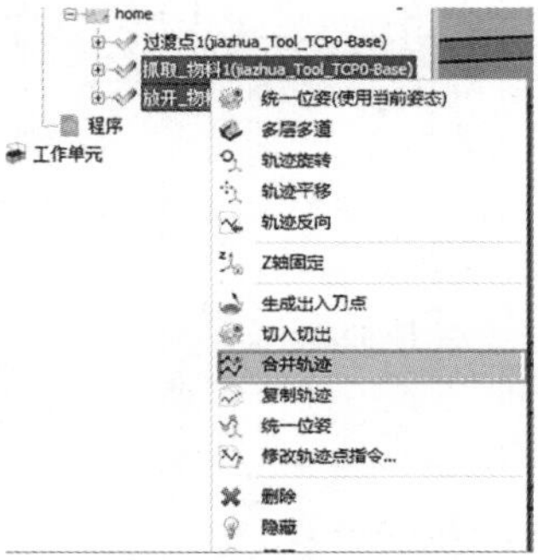
19	效果如右图所示	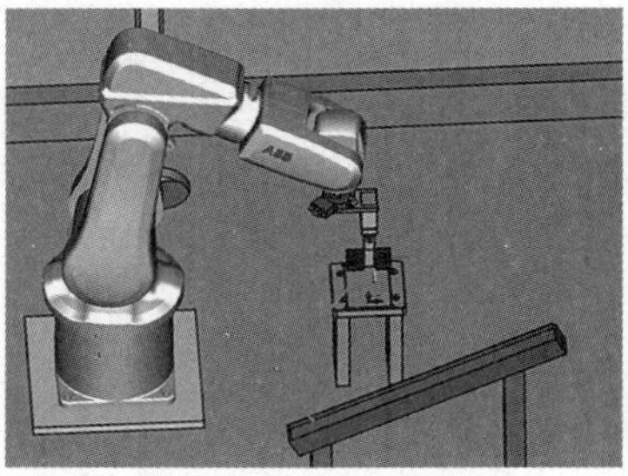

表 2-17（续 4）

序号	步骤	图示
20	在"机器人编程"中"高级编程"页面点击"码垛"	
21	选择"抓取＿物料 1"轨迹，鼠标单击如右图左侧图方框所示的地方，并把参数设置成如右图右侧图所示的参数	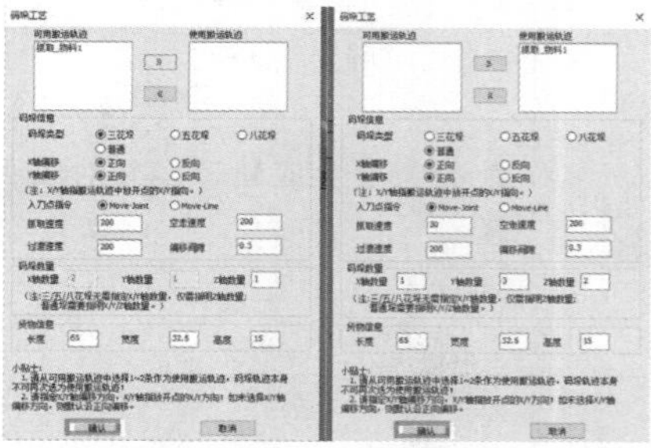
22	点击"确认"，生成码垛轨迹	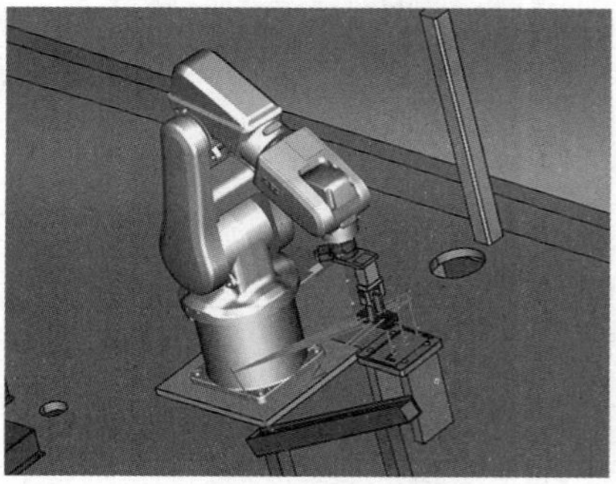
23	点击"编译"	
24	码垛工艺完成	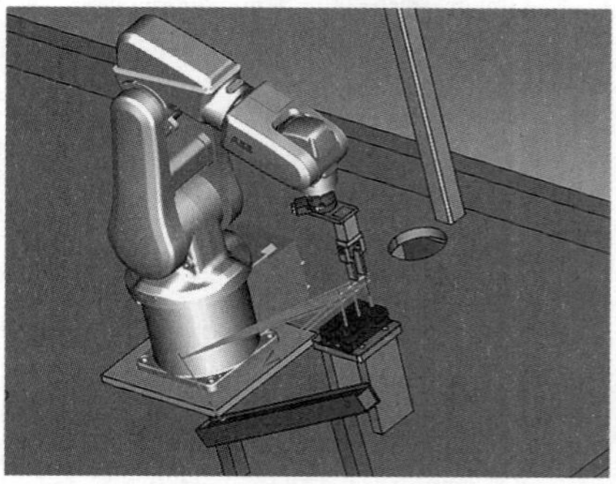

表 2-17（续 5）

序号	步骤	图示
25	回到 Home 点，插入 POS 点	

（4）拆垛工艺设置如表 2-18 所示。

表 2-18　拆垛工艺设置

序号	步骤	图示
1	在"机器人编程"中"高级编程"页面点击"拆垛"	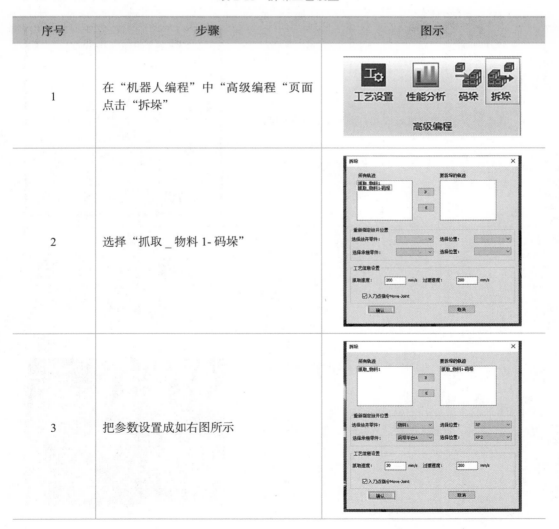
2	选择"抓取 _ 物料 1- 码垛"	
3	把参数设置成如右图所示	

表 2-18（续）

序号	步骤	图示
4	点击"确认"，再次点击"拆垛"，选择"抓取 _ 物料 1"	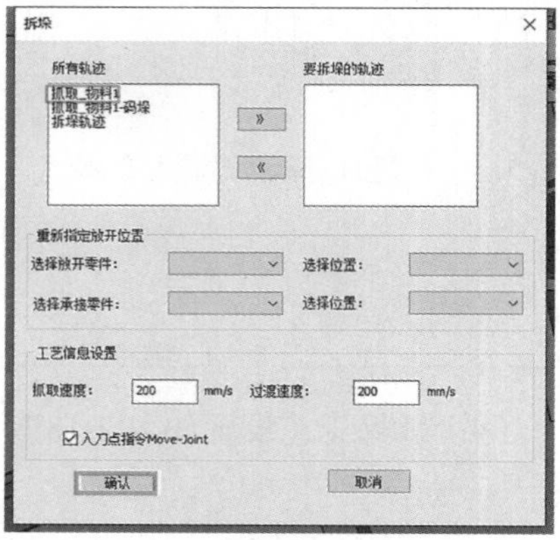
5	把参数设置成如右图所示，点击"确认"	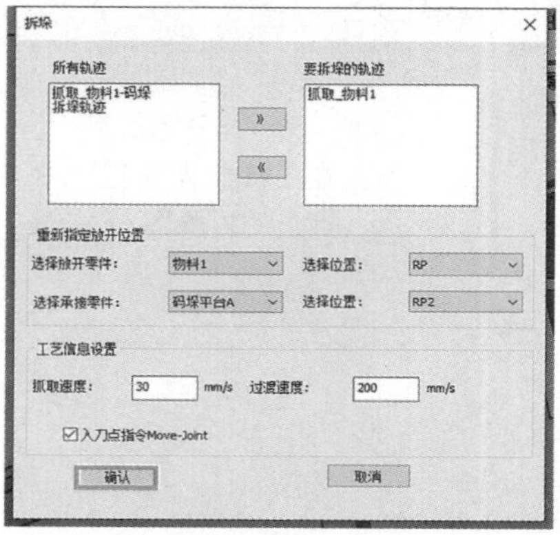
6	点击"编译"	
7	机器人拆垛工艺完成	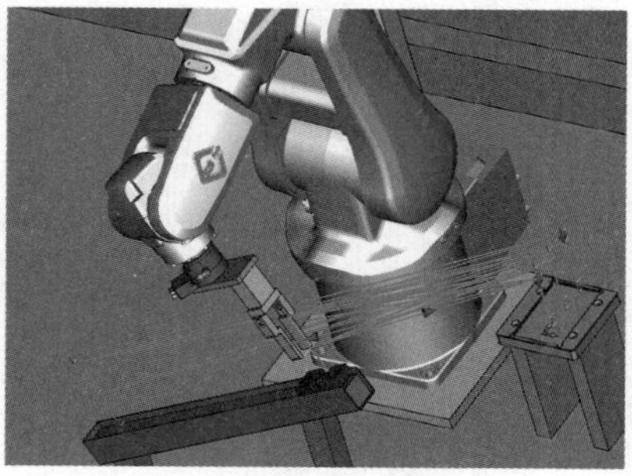

2.6.5 任务评价

任务评价如表 2-19 所示。

表 2-19 任务评价表

项目	内容	配分	得分	备注
团队合作	实施任务过程中有讨论	5		
	有工作计划	5		
	有明确的分工	5		
	系统摆放合理、美观	10		
场景搭建	场景导入正确	10		
	码垛与拆垛操作仿真正确	40		
6S 管理	完成操作后，工位无垃圾	10		
	完成操作后，计算机等摆放整齐	5		
安全事项	过程中，无损坏设备及人身伤害现象	10		
总分				

项目 3　工业机器人工作轨迹生成及仿真

任务 3.1　轨迹的基础知识

3.1.1　任务目标

（1）理解轨迹基础知识；
（2）理解轨迹类型基础知识；
（3）能够熟练导入轨迹。

3.1.2　任务内容

将生成的轨迹导入 PQArt。

3.1.3　知识链接

1. 轨迹基础知识

（1）轨迹

轨迹是符合一定条件的动点所形成的图形。在 PQArt 中，轨迹指的是机器人的运动路径，由若干个点组成，这些点被称为轨迹点。轨迹的运行会根据点的顺序来执行操作，从点 1、点 2 开始，一直运行到最后一个点，如图 3-1 所示。

（2）轨迹点

轨迹点是机器人运动路径的基本单元，若干个轨迹点组成了轨迹。

点击机器人加工管理面板中的单条轨迹后，该条轨迹的所有轨迹点都会显示在调试面板上。一般情况下，我们主要通过调试面板来编辑轨迹点。

（3）轨迹点的位姿

轨迹点的位姿指的是位置和姿态。位置即以某个坐标系为参照时该点的坐标，一般用 X、Y、Z 来表示。姿态即该点 X、Y、Z 三个轴的朝向，一般用 A、B、C 来表示。

（4）轨迹点颜色含义

①绿色 ：表示轨迹点完全正常。

②黄色 ！：表示轴超限，即机器人某个关节超过了它的运动范围。

③红色 ✖：表示不可达点，机器人距离零件太远，此时需要调整机器人与零件之间的距离。

④灰色 ？：表示轨迹点的当前状态未知。

⑤紫色 ↙：表示奇异点。

（5）轨迹作用：轨迹的位置和姿态决定了机器人运动的路径、方向、状态等。轨迹设计完成后，通过仿真→后置等功能实现真机运行。

（6）轨迹的完整操作流程

轨迹的完整操作流程包括：生成轨迹→编辑轨迹→仿真轨迹→后置。

①生成轨迹。轨迹类型有六种，包括沿着一个面的一条边、面的外环、一个面的一个环、曲线特征、边和点云打孔，它们分别根据边、线、面等来生成轨迹，根据具体情况选择轨迹生成类型。轨迹生成之后，所选轨迹的每个轨迹点会显示在调试面板上，如图 3-2 所示。

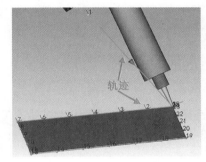

图 3-1　轨迹

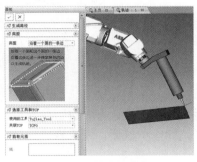

图 3-2　生成轨迹

②编辑轨迹。轨迹编辑的目的是优化机器人运动的路径和姿态，最终实现工艺效果。轨迹生成后可能因为机器人的位置和关节运动范围等条件限制，出现不可达、轴超限、奇异点等问题，这时就需要编辑轨迹，如图 3-3 所示。

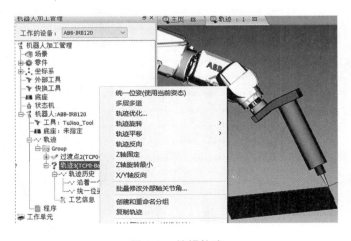

图 3-3　编辑轨迹

③仿真轨迹。PQArt可实现对单条／多条轨迹的仿真，在虚拟环境中模拟真实环境机器人的运动路径和状态，从而尽量减少工作上的误差，力求工艺的完美，如图3-4所示。

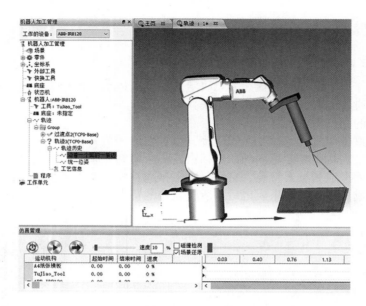

图 3-4　仿真轨迹

④后置。轨迹设计好并进行仿真后，通过后置，将轨迹信息输出为机器人可执行的代码语言，导入示教器，完成真机运行，如图3-5所示。

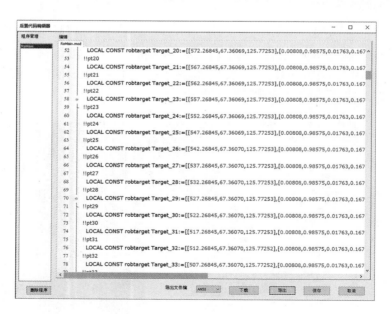

图 3-5　后置

（7）轨迹生成位置步骤

轨迹生成位置步骤如表 3-1 所示。

表 3-1　轨迹生成位置步骤

序号	步骤	图示
1	轨迹在加工对象的零件上生成。此轨迹是机器人的加工轨迹	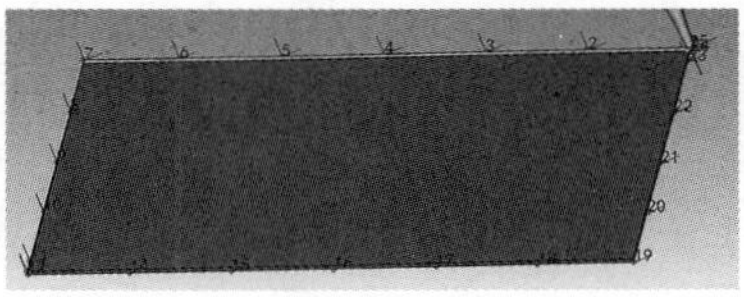
2	轨迹在独立于模型之外的空中生成。此轨迹是机器人的空走轨迹	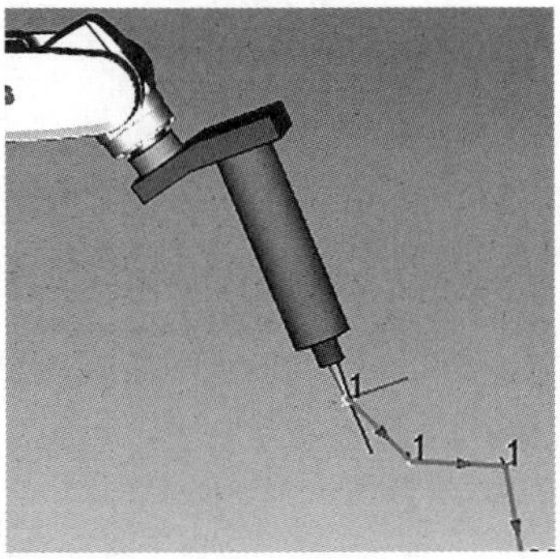
3	轨迹在零件上生成。此轨迹作为零件的驱动点，是零件自身的运动轨迹	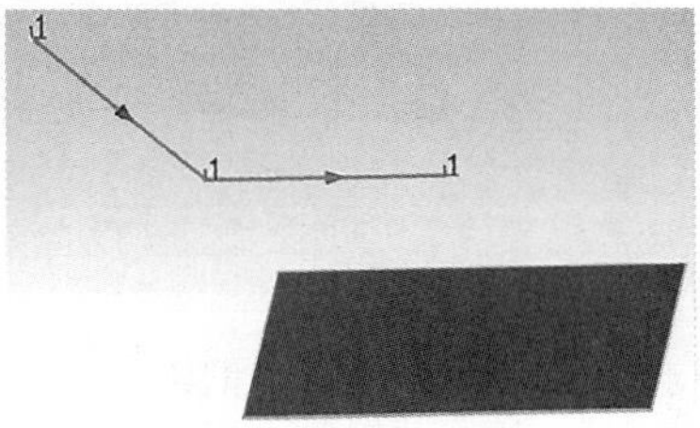

（8）轨迹编辑

①机器人加工管理面板的轨迹树上，通过轨迹的右键菜单编辑轨迹。

②调试面板上，通过轨迹点的右键菜单编辑轨迹。

③绘图区选中轨迹点后，右击进行轨迹编辑。

④右击机器人加工管理面板的空白处，通过下拉菜单编辑轨迹。

（9）轨迹特征

轨迹特征是关于轨迹一些特性的集合，如轨迹的速度、轨迹的指令、某些编辑操作等。轨迹的特征一般会显示在机器人加工管理面板的轨迹树上，如图 3-6 所示。

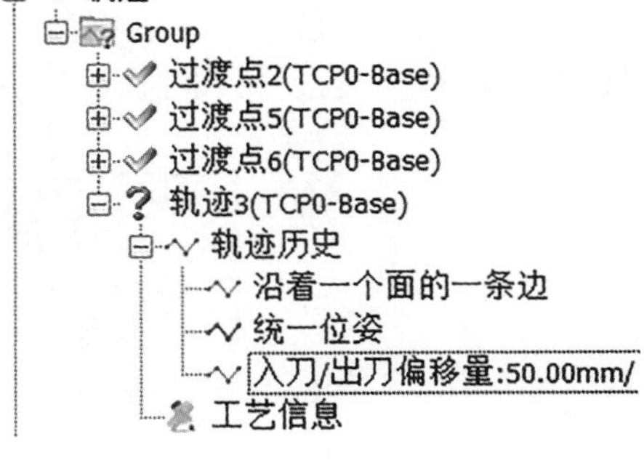

图 3-6　轨迹特征

（10）轨迹某些属性的显示与隐藏

在工具菜单栏中，"选项"应用于显示或者隐藏轨迹点、轨迹姿态、轨迹序号、轨迹线、轨迹间连接线等，还可以设置点的大小和轨迹线颜色。选项功能位置如图 3-7 所示。选项对话框如图 3-8 所示。

图 3-7　选项功能位置

图 3-8　选项对话框

（11）步长

步长是两个轨迹点之间的直线距离。生成轨迹后，可通过步长改变轨迹点的密集程度，如图 3-9 所示。

(a)步长50

(b)步长20

图 3-9　不同步长对比图

2. 轨迹类型基础知识

PQArt 目前拥有六种轨迹类型（生成方式），用以生成机器人的运动路径，可应用于各种场景。面对各式各样的零件、工件模型，如何选择合适恰当的轨迹生成方式，这就需要一个解决方案了。

一般来说，轨迹的规划分为点、线、边三种。本章将重点介绍六种轨迹生成方式，详细的资料请参考本章其他小节。

"生成轨迹"位于机器人编程→基础编程中，如图 3-10 所示，点击"基础编程"中的"生成轨迹"后，可在绘图区左侧看到属性面板，如图 3-11 所示。

图 3-10　生成轨迹

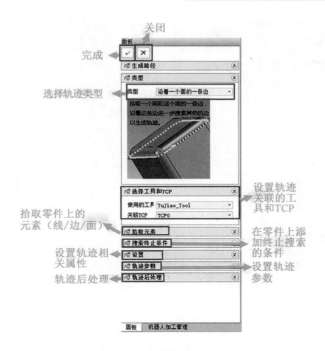

图 3-11　轨迹属性面板

生成轨迹的步骤如表 3-2 所示。

表 3-2　生成轨迹的步骤

序号	步骤
1	打开轨迹属性面板
2	选择轨迹类型
3	拾取零件上的元素（线 / 边 / 面）
4	选择搜索的终止条件
5	对轨迹进行基本的设置（如轨迹关联的 TCP 等）
6	点击完成按钮，从而完成轨迹的生成步骤。其中步骤 4、步骤 5 是否执行视情况而定

3.1.4　任务实施

导入轨迹位于"机器人编程"下的"基础编程"中，如图 3-12 所示；位于"机器人加工管理"面板空白处的右键菜单中，如图 3-13 所示。

"导入轨迹"是将其他软件或 PQArt 中生成的轨迹导入 PQArt。软件支持的轨迹格式有 robpath、aptsource 和 nc，如图 3-14 所示。

图 3-12 "导入轨迹"位置 1

图 3-13 "导入轨迹"位置 2

图 3-14 导入轨迹

3.1.5 任务评价

任务评价如表 3-3 所示。

表 3-3 任务评价表

项目	内容	配分	得分	备注
团队合作	实施任务过程中有讨论	5		
	有工作计划	5		
	有明确的分工	5		
	系统摆放合理、美观	10		
任务实施	工件校准步骤正确	20		
	单元位置摆放合理	30		
6S 管理	完成操作后，工位无垃圾	10		
	完成操作后，计算机等摆放整齐	5		
安全事项	过程中，无损坏设备及人身伤害现象	10		
总分				

任务 3.2 轨迹的规划

3.2.1 任务目标

（1）理解点、边和线的轨迹规划；
（2）能够熟练使用"沿着一个面的一条边"指令生成轨迹。

3.2.2 任务内容

用"沿着一个面的一条边"指令生成轨迹。

3.2.3 知识链接

1. 点的轨迹规划

点的轨迹规划对应的是"打孔"轨迹生成类型。它针对的是打孔工艺，规划轨迹时需要拾取孔位点。

（1）打孔

打孔命令应用于在零件上打孔时。单击机器人编程→基础编程→生成轨迹，在属性面板的类型中选择"打孔"，如图 3-15 所示。

（2）生成往复路径

选择该指令后，打孔时工具会上下来回移动形成往复。

（3）孔深偏移量

此功能在勾选"生成往复路径"后才能够使用。孔深偏移量指的是在原有打孔深度的基础上再继续深入打孔。如孔深 10 mm，设定过切值 5 mm，打孔时会打 15 mm。

（4）工具偏移量

工具偏移量指的是工具在实际操作过程中偏移的数值，一般是向上沿 Z 轴的距离。

轮毂零件中拾取孔上的一个边，点击完成按钮即可生成轨迹，如图 3-16 所示。

图 3-15　打孔应用

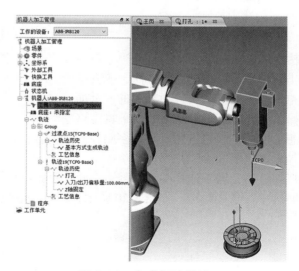

图 3-16　生成打孔轨迹

2. 边的轨迹规划

边的轨迹规划对应的主要是四种轨迹类型：沿着一个面的一条边、面的外环、一个面的一个环、边。它们都是通过一条边，加上其轨迹方向（箭头），再加上轨迹 Z 轴指向的平面来确定轨迹的。

"面的外环"虽然拾取的是一个面，但本质上依然是边的轨迹规划。

（1）沿着一个面的一条边

①通过一条边，加上其轨迹方向（箭头），再加上轨迹 Z 轴指向的平面来确定轨迹。即拾取一条边和这条边相邻的面，沿着这条边进一步搜索其他的边来生成轨迹。轨迹属性面板如图 3-17 所示。

②首先选择轨迹关联的工具和 TCP，如图 3-18 所示。

③拾取元素，如图 3-19 所示。

图 3-17　轨迹属性面板

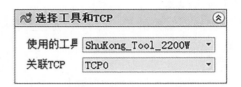

图 3-18　选择工具和 TCP

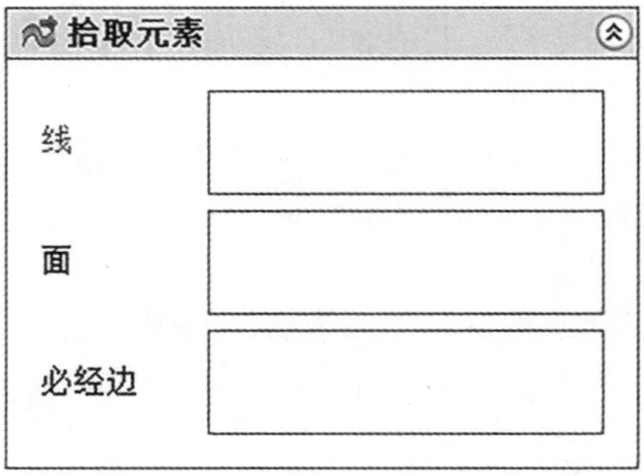

图 3-19　拾取元素

a. 拾取线是点击零件上的一条边（该边在想要加工的面上），黄色箭头代表轨迹方向。单击黄色箭头可改变箭头方向，使其反转。

b. 拾取面是选择和所选边相邻的一个面。

c. 拾取必经边是确定唯一的一条轨迹路径。

当想要生成的轨迹方向上有许多路径时，需要指定一个轨迹的必经边。这样一来，轨迹路径就确定了。

生成轨迹时，若不选择一条必经边，轨迹路径默认的是不确定的方向。

这时选中一条必经边，如图 3-20 所示，即可生成想要的效果。

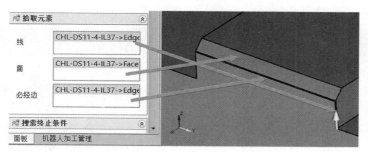

图 3-20 拾取必经边

④拾取终止轨迹的一个点，如图 3-21 所示。

终止点只能在前面已拾取的面上，不能在所选面之外的地方。若希望轨迹在某一处结束，则需要拾取终止点以终止搜索。

⑤设置中的指令适用于其他轨迹生成类型，如图 3-22 所示。

图 3-21 拾取终止点　　　　　图 3-22 设置

反转指的是轨迹的序号反转，即原来的起始点变成终点，终点变成起始点，中间点以此类推。该指令可改变轨迹方向，即改变机器人、工具运动方向。

Z 向与侧面平行指令会改变轨迹的 Z 轴方向，使其与侧面平行，多用于激光切割。

（2）面的外环

该类型选择面作为轨迹的法向，生成三维模型某个面的边的轨迹路径。当所需要生成的轨迹为简单单个平面的外环时，可以通过这种类型来确定轨迹。

去毛刺时，打磨头的末端会沿着轨迹运动从而将毛刺去掉。点击机器人编程→基础编程→生成轨迹，在类型栏选择"面的外环"。接着，拾取元素选择一个面，拾取的面为需要去毛刺的边所在的面，如表 3-4 所示。

表 3-4 拾取面的外环

序号	步骤	图示
1	选择的面	

表 3-4（续）

序号	步骤	图示
2	点击完成按钮 ，即可以生成轨迹	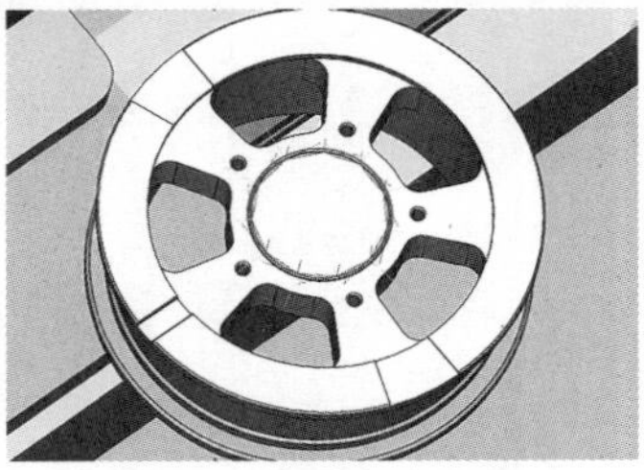

（3）一个面的一个环

这个类型与面的外环类型相似，但是多了一个功能，即可以选择简单平面的内环。

去毛刺时，打磨头的末端会沿着轨迹运动从而将毛刺去掉。点击机器人编程→基础编程→生成轨迹，在类型栏选择"一个面的一个环"，拾取零件的线和面。拾取的线为需要去毛刺的边，拾取的面为边所在的面，如表 3-5 所示。

表 3-5　拾取一个面的一个环

序号	步骤	图示
1	拾取的面为边所在的面	
2	拾取元素选择完毕之后，点击完成按钮 ，即可生成轨迹	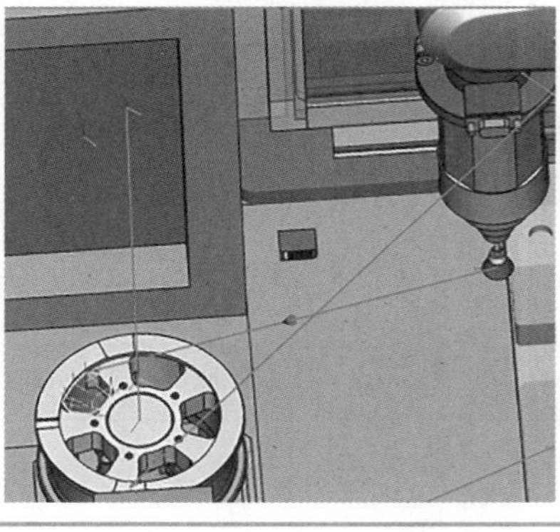

（4）边

边指的是一条单独的边，同时支持拾取多条边。它通过选择单条线段，加上一个轨迹 Z 轴指向的面作为轨迹法向，实现轨迹设计。拾取元素线可以不在面上，即面与边不必相邻，可灵活地拾取元素面，不受零件模型的限制。

以零件油盘涂胶为例。点击机器人编程→基础编程→生成轨迹，在类型栏选择"边"，拾取零件的线与面，如图 3-23 所示。

图 3-23　生成涂胶轨迹

生成的轨迹如图 3-24 所示。

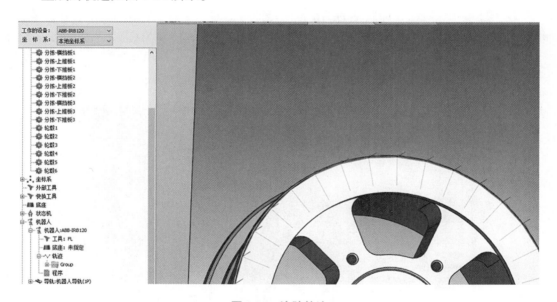

图 3-24　涂胶轨迹

3. 线的轨迹规划

线的轨迹规划对应的主要是五种轨迹类型：曲线特征、边、一个面的一个环、面的外环、沿着一个面的一条边。它们都是通过一条边（线），加上其轨迹方向（箭头），再加上轨迹 Z 轴指向的平面来确定轨迹的。

曲线特征是由曲线加面生成轨迹，轨迹 Z 轴指向的面作为轨迹法向。以 ABB 机器人写字为例。机器人以模型零件上生成的轨迹为运动路径，写出的字与零件上的字迹一致。点击机器人编程→基础编程→生成轨迹，在类型中选择"曲线特征"，拾取一条线、一个面和零件、装配。

拾取的线为想要生成轨迹的目标曲线，拾取的面为曲线所在的面，拾取的零件、装配为目标零件，如图 3-25 所示。

点击完成按钮 ✔，生成的轨迹如图 3-26 所示。

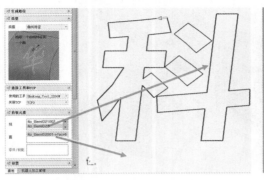 

图 3-25 曲线特征 　　　　　　　　　　图 3-26 写字轨迹

3.2.4 任务实施

现实环境中涂胶时，涂胶笔的工作范围是油盘上的一个面。生成轨迹后，涂胶笔会沿着轨迹所在的面运动从而为其涂胶。

选择类型"沿着一个面的一条边"，拾取元素栏中的线、面和必经边，红色状态代表当前可操作，如图 3-27 所示。

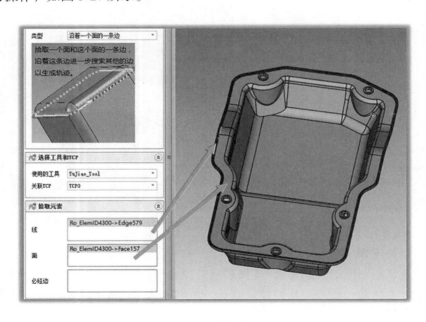

图 3-27 生成涂胶轨迹

3.2.5 任务评价

任务评价如表 3-6 所示。

表 3-6　任务评价表

项目	内容	配分	得分	备注
团队合作	实施任务过程中有讨论	5		
	有工作计划	5		
	有明确的分工	5		
	系统摆放合理、美观	10		
任务实施	工件校准步骤正确	20		
	单元位置摆放合理	30		
6S 管理	完成操作后，工位无垃圾	10		
	完成操作后，计算机等摆放整齐	5		
安全事项	过程中，无损坏设备及人身伤害现象	10		
总分				

任务 3.3　轨迹点的编辑

3.3.1　任务目标

（1）掌握修改步长的方法；
（2）能够熟悉完成编辑轨迹点和删除轨迹点。

3.3.2　任务内容

（1）轨迹优化；
（2）轨迹点的编辑。

3.3.3　知识链接

1. 修改步长

修改步长命令位于机器人加工管理面板→轨迹历史→轨迹生成方式右键菜单→修改特征，如图 3-28 所示。

生成一条轨迹后，可修改和删除轨迹特征。其中有四种修改步长的方式：仅为直线生成首末点、仅为圆弧生成 3 个点、Y 轴与切向一致、为样条生成圆弧点，如图 3-29 所示。

图 3-28　修改特征　　　　　　　　　图 3-29　修改步长

修改步长界面中，步长数值可自由定义，单位为 mm。

（1）仅为直线生成首末点

此功能适用于直线上的轨迹，即轨迹上只会生成起始点和终点两个点，一般应用于粗加工时。

若要精细加工工件，如打磨，则需要取消该指令的勾选。默认下该指令为勾选状态。

物料初始轨迹如图 3-30 所示。

在机器人加工管理面板上，右击"轨迹历史"下的轨迹指令，选择"修改特征"，取消"仅为直线生成首末点"的勾选后，轨迹变化如图 3-31 所示。

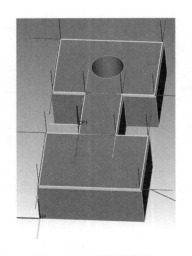

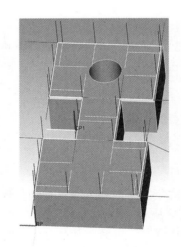

图 3-30　物料初始轨迹　　　　图 3-31　取消勾选"仅为直线生成首末点"

直线上的轨迹，轨迹点的多少对实际操作效果并没有任何影响。曲面上的轨迹，轨迹点多意味着曲线轨迹更加圆滑，加工时更加精细。

（2）仅为圆弧生成 3 个点

该功能适用于圆弧，即圆弧上的轨迹只有 3 个点。一般来说，圆弧上的轨迹点更多时，加工会更精细一些。默认情况下，"仅为圆弧生成 3 个点"为不勾选状态。物料去毛刺的初始轨迹如图 3-32 所示。

仅为圆弧生成 3 个点的状态如图 3-33 所示，整个圆弧上只有 3 个点。

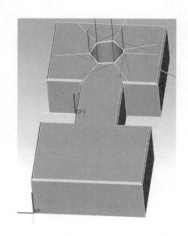
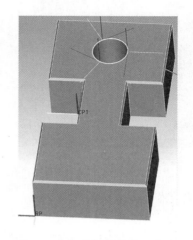

图 3-32　去毛刺初始轨迹　　　　　图 3-33　仅为圆弧生成 3 个点

（3）Y 轴与切向一致

Y 轴与切向一致即 Y 轴在加工圆的过程中保持和圆的切线同向。默认情况下，"Y 轴与切向一致"为不勾选状态。

如图 3-34 所示，可以发现，Y 轴并没有保持与圆的切线方向一致。

勾选"Y 轴与切向一致"后，轨迹变化如图 3-35 所示。

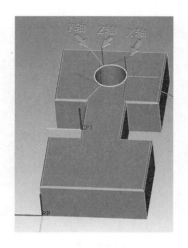
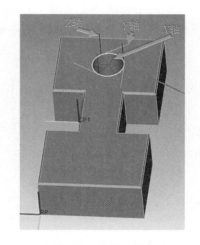

图 3-34　未勾选 Y 轴与切向一致　　　图 3-35　勾选 Y 轴与切向一致

（4）为样条生成圆弧点

样条曲线是指给定一组控制点而得到的一条曲线，曲线的大致形状由这些点控制。这里的样条生成圆弧点指的是将样条生成相应的控制点。圆周角阈值决定了生成轨迹的圆滑度。默认情况下，"为样条生成圆弧点"为不勾选状态。

勾选"为样条生成圆弧点"后，圆周角阈值为180°时如图3-36所示。

将圆周角阈值改为0°时，如图3-37所示。

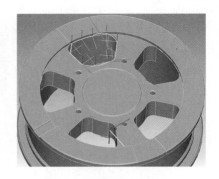

图3-36　圆周角阈值为180°　　　　图3-37　圆周角阈值为0°

2. 编辑轨迹点

（1）编辑点

编辑点位于调试面板的轨迹点列表中任意轨迹点的右键菜单内。编辑点有两种不同操作，即绝对位置和相对位置。

①绝对位置：轨迹点在整个世界坐标系中的位置已经固定了，整个轨迹移动，该点不动。

②相对位置：轨迹点的位置是相对于整条轨迹来说的，整个轨迹移动，该点随之移动。

需先对轨迹进行编辑后才能区分出绝对位置和相对位置，否则"编辑点（绝对位置）"和"编辑点（相对位置）"都会默认为相对位置的效果。

在轮毂上轨迹1和轨迹2如图3-38所示。

首先，让两条轨迹平移相同的距离后如图3-39所示。

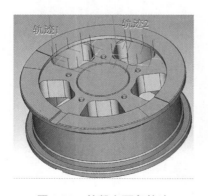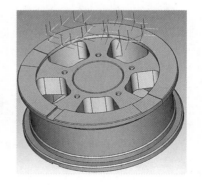

图3-38　轮毂上两条轨迹　　　　图3-39　轨迹平移

右击轨迹1上的点2，选择"编辑点（绝对位置）"，利用三维球将点1沿Z轴平移20 mm。

右击轨迹2上的点2，选择"编辑点（相对位置）"，同样将点1沿Z轴平移20 mm，如图3-40所示。

其次，修改两条轨迹的平移特征，利用三维球将两条轨迹分别平移相同的距离。可以看到，轨迹 1 上的点 2 同时平移，但轨迹 2 上的点 2 位置不变，如图 3-41 所示。

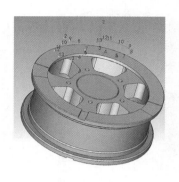

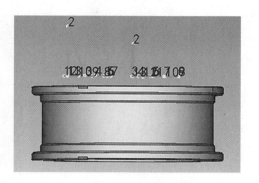

图 3-40　编辑轨迹点　　　　　　　　　图 3-41　编辑轨迹点效果

（2）编辑多个点

"编辑多个点"位于调试面板的轨迹点列表中任意轨迹点的右键菜单内。"编辑多个点"可同时编辑多个点的位置和姿态。接下来详细说明一下其包含的各个功能点，如图 3-42 所示。

①输入影响点数：点击"输入"或按 Enter 键来确认点的数目。

②向前：影响所选点的前几个点。

③向后：影响所选点的后几个点。

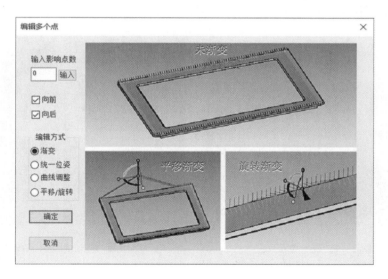

图 3-42　编辑多个点界面

如果向前、向后同时勾选，则会影响所选轨迹点的前、后点。

④渐变：以被编辑的点为基准，被影响轨迹点的平移距离、旋转角度逐渐变小，减少值成等差数列，如图 3-43 所示。

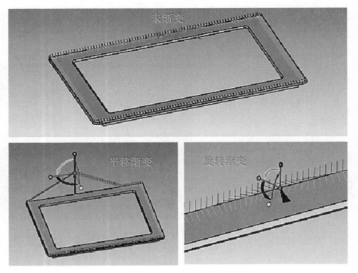

图 3-43 渐变

⑤统一位姿：所有轨迹点的姿态与被编辑点的姿态相同（即 X、Y、Z 三个轴的方向平行），如图 3-44 所示。

⑥平移、旋转：受影响轨迹点与被编辑轨迹点平移相同的距离或旋转相同的角度，如图 3-45 所示。

⑦曲线调整：通过调整模拟曲线形状来调节选中的轨迹点及其两侧指定个数点间的平滑过渡状态，从而实现对轨迹的多个点进行编辑的目的，如图 3-46 所示。

选中"曲线调整"后弹出图示的曲线调整界面。

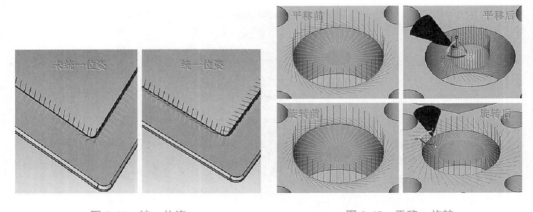

图 3-44 统一位姿　　　　图 3-45 平移、旋转

不勾选向前、向后，曲线的顶端点 1 即为所选点；勾选向前，曲线上的点 3 即为所选点；勾选向后，曲线上的点 2 即为所选点，如图 3-47 所示。

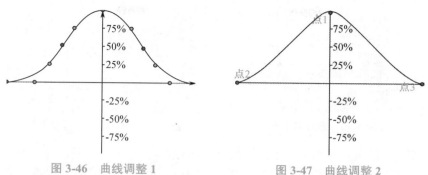

图 3-46　曲线调整 1　　　　　　　　图 3-47　曲线调整 2

调控点是调整控制曲线形状的点。单击曲线，线上会出现三段平直线段，可利用线段两端的调控点来拖动曲线改变其形状。拖动的原则是，蓝线全部位于界面的空白区（即机器人工作的最优区），如图 3-48 所示。刻度线是平移距离或旋转角度的比例。

右击曲线，通过 [增加点 删除点] 指令可增加、删除调控点。图 3-49 为增加了若干调控点的效果，提高了调整曲线的范围和灵活度。

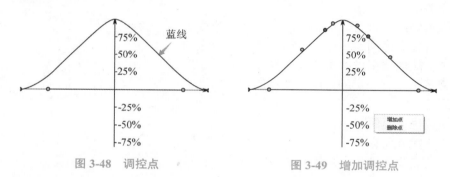

图 3-48　调控点　　　　　　　　　　图 3-49　增加调控点

3.删除轨迹点

（1）删除点

"删除点"位于调试面板的轨迹点列表中任意轨迹点的右键菜单内。删除点即删除选中的单个或多个点。

（2）删除此点前（后）所有点

"删除此点前（后）所有点"位于调试面板的轨迹点列表中任意轨迹点的右键菜单内。对轨迹点进行批量删除操作时，经常会删除某点前或某点后所有点。"删除此点前/后所有点"指令，可批量删除点前和点后的所有点，减少了机器人加工管理面板树形图上的特征数量，简化删除操作，并能在机器人加工管理面板中修改删除特征。该指令适用于轨迹点数量大于或等于 2 的情况。

一旦使用这两个命令，会将该操作的特征节点悬挂显示在"机器人加工管理面板"的轨迹历史树下。后续只需选中它，右击，进而进行修改特征、删除特征、删除后续特征操作，如图 3-50 所示。

修改特征可以再次批量删除剩余的轨迹点，如图 3-51 所示。

图 3-50　删除多个点

图 3-51　编辑多个点修改特征

删除特征是指删除"删除多个点"的操作指令。

删除后续特征则是指删除本操作及其之后的所有操作。删除后，轨迹历史树下的相应特征被删除。

3.3.4　任务实施

1. 轨迹优化

选择一条轨迹，单击鼠标右键→轨迹优化，如图 3-52 所示。

对所选轨迹进行整体调整。一方面解决轨迹中轴超限、奇异点等问题；另一方面可优化轨迹点的姿态。它默认地固定了此条轨迹所有点的 Z 轴，优化时是绕 Z 轴旋转一定的角度，角度的大小根据实际情况而定。

2. 轨迹优化界面

轨迹优化界面提供了以下信息：轨迹点的个数、点的序号及点绕 Z 轴旋转角度，如图 3-53 所示。

蓝线：表示的是所有轨迹点的集合。鼠标在蓝色的水平线上移动时，轨迹点的序号也在改变。上下移动时，改变的是点的姿态，即绕 Z 轴旋转角度。

开始计算：计算出轨迹中轴超限、不可达的点和奇异点，并以不同颜色的点显示在界面中。一次轨迹优化后，轨迹点姿态数据信息已保存，在此基础上可再次点击"开始计算"进行第二次优化。

图 3-52　"轨迹优化"位置

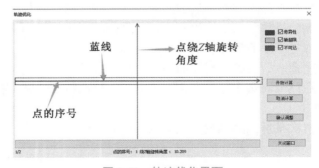

图 3-53　轨迹优化界面

取消计算：用来终止计算，一般适用于轨迹点较多的轨迹。

确认调整：确认并保存当前对轨迹点姿态的调整。

关闭窗口：关闭优化窗口，直接关闭不会保存所做的任何调整。

优化方法：将蓝线拖动到黄色区域的空白区（机器人工作的最优区）。

以写"科"字涂胶为例进行轨迹优化，步骤如表 3-7 所示。

表 3-7 "科"字涂胶轨迹优化步骤

序号	步骤	图示
1	如右图所示可以看出"科"字轨迹最后一段中出现了轴超限的情况	
2	鼠标移动到轴超限的轨迹点后，单击鼠标右键打开菜单栏找到"轨迹优化"，单击鼠标左键打开"轨迹优化"界面	
3	鼠标左键单击"开始计算"按钮	

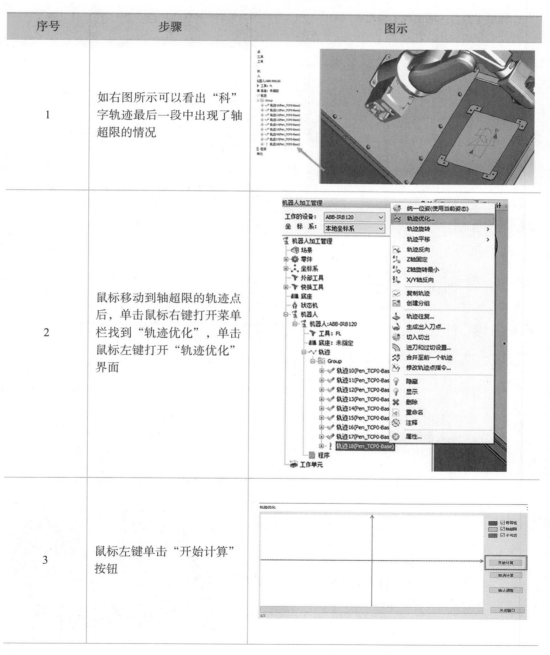

表 3-7（续 1）

序号	步骤	图示
4	打开优化界面，点击"开始计算"后，界面上会出现黄色区域，表明机器人在这些区域出现了轴超限的问题	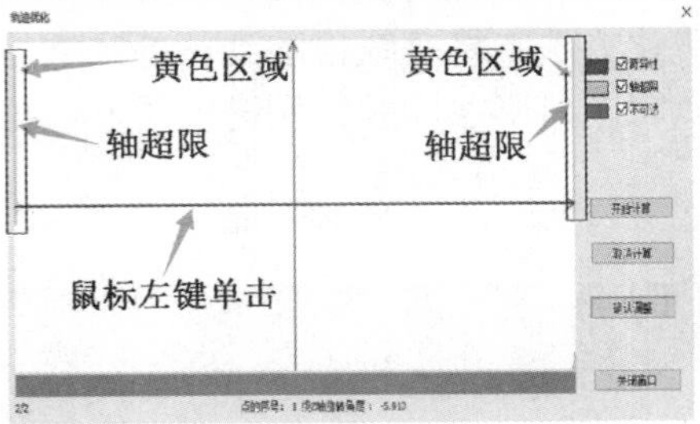
5	把蓝线从黄色压域中脱离出来，单击蓝线，线上出现四个绿色或紫色的点，这些点用于拖动蓝线离开黄色区域从而调整轨迹点的姿态	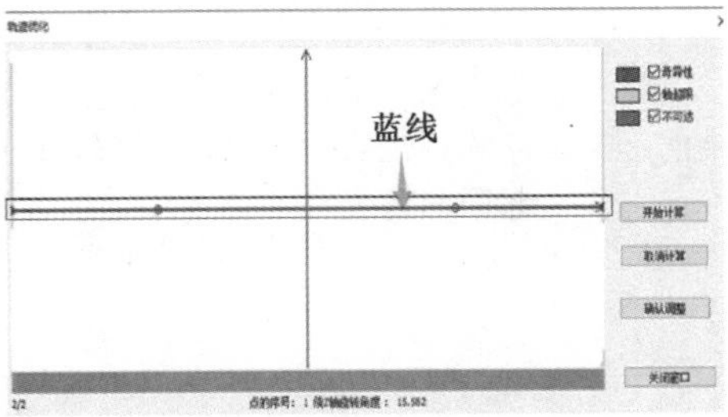
6	右击蓝线，可根据需求选择增加、删除调整点	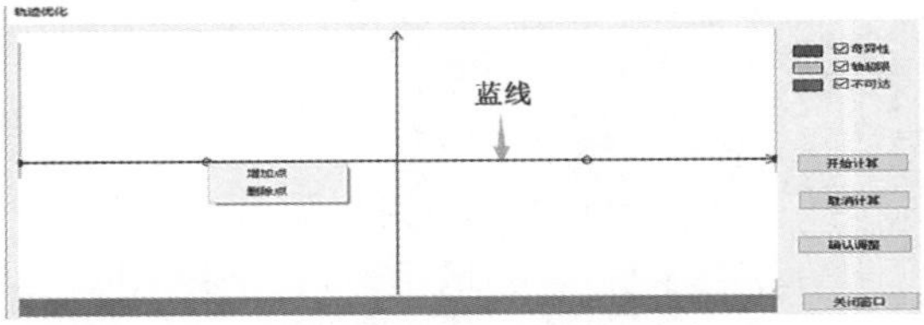
7	利用调整点，拖动蓝线离开黄色区域	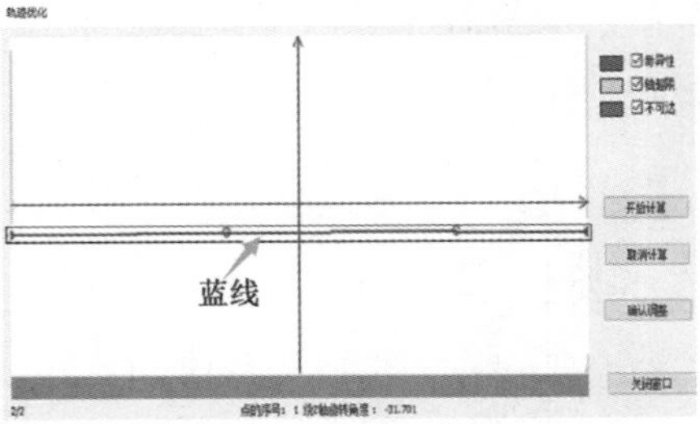
8	看到蓝线已经脱离了黄线的区域，然后点击"确认调整"	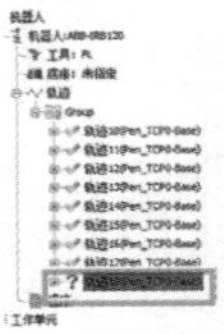 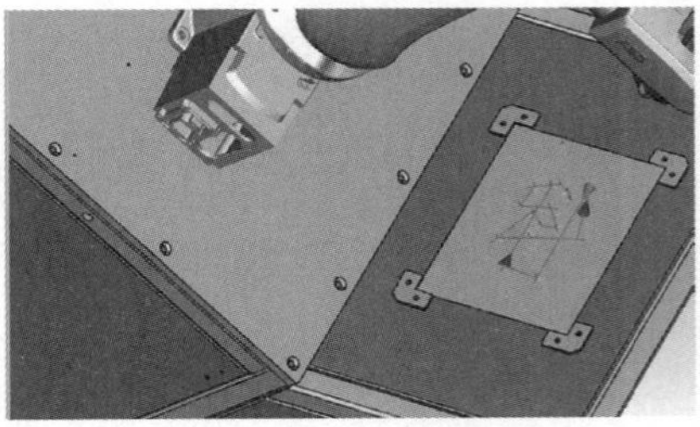

表 3-7（续 2）

序号	步骤	图示
9	调整后发现刚刚出现轴超限的点变成了未知点，下一步在"机器人编程"的"基础编程"中找到编译，单击鼠标左键进行编译，编辑后轴超限点就变为一个正常点	

3.3.5　任务评价

任务评价如表 3-8 示。

表 3-8 任务评价表

项目	内容	配分	得分	备注
团队合作	实施任务过程中有讨论	5		
	有工作计划	5		
	有明确的分工	5		
	系统摆放合理、美观	10		
任务实施	轨迹优化	20		
	轨迹点的编辑	30		
6S 管理	完成操作后，工位无垃圾	10		
	完成操作后，计算机等摆放整齐	5		
安全事项	过程中，无损坏设备及人身伤害现象	10		
总分				

任务 3.4　仿　真

3.4.1　任务目标

（1）能够熟练运用轨迹仿真和机器人仿真；

（2）会添加仿真事件和修改仿真事件。

3.4.2 任务内容

（1）设置等候时间事件；

（2）抓取、放开事件。

3.4.3 知识链接

1.轨迹仿真

轨迹仿真即逼真形象地模拟机器人运动的路径和状态，方便在真机操作前全面掌握机器人的运动情况，减少机器人上机失误等。三种轨迹仿真方式的位置为机器人加工管理面板→轨迹的右键菜单→轨迹仿真。

（1）仿真轨迹

仿真轨迹是对当前选中的单条轨迹进行仿真（只仿真这一条轨迹）。

（2）从此轨迹开始仿真

从此轨迹开始仿真是对当前选中的单条轨迹及其以后的轨迹进行仿真。

（3）单机构 / 多机构运动到首点

单机构 / 多机构运动到首点位于选中轨迹中某个点后的右键菜单内。在多机器人环境下，选中某个机器人的某个轨迹点后，想查看机器人运动到该点时的轨迹求解状况，目前有两种办法。

首先，单机构运动到点，该轨迹点对应的机器人、机构单独运行到该点，其他机器人、机构静止不动。其次，多机构运动到点，当该轨迹点对应的机器人、机构运行到该点的时间段内，场景中其余的所有机器人、机构会做同步运动。

如图 3-54 所示，列举了机器人 A 分别通过两种方式运动到点 B 时的不同情形。单机器人场景下，分别通过这两种方式运行到点，效果是一样的。

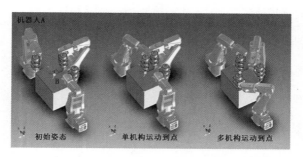

图 3-54 单机构 / 多机构运动到点

2.机器人仿真

机器人仿真即形象逼真地模拟机器人在真实环境中的运动路径和状态，查看机器人是否以正确的姿态工作。仿真位于机器人编程→基础编程中，如图 3-55 所示。

仿真管理面板如图 3-56 所示。

（1）按钮作用

⏻：关闭仿真管理面板；

▶：开始仿真和暂停仿真；

➡️：循环仿真。

图 3-55 仿真命令

图 3-56 仿真管理面板

（2）仿真速度

通过拖动滑块来控制机器人仿真时的速度。百分比越大，速度越快。

（3）碰撞检测

对装配体各零部件、各相对运动部分进行实际仿真，并在发生碰撞时发出警示声，碰撞部分以暗红色高亮显示，如图 3-57 所示，可以检查机构在运动状态系下是否存在碰撞。

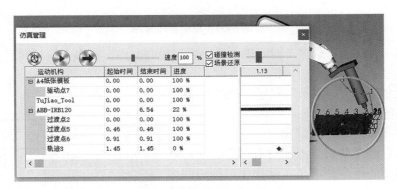

图 3-57 碰撞检测

（4）场景还原

结束仿真后，机器人会回到（第一条轨迹的）起始点位置。

（5）仿真轨迹

所有相关运动机构均通过动态的时间轴依次罗列、形象直观地显示出来，方便用户查看机器人、工件等轨迹的运行时间和进度，如图 3-58 所示。

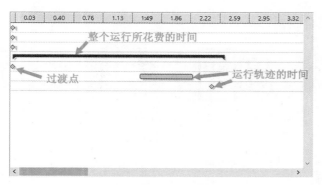

图 3-58　时间轴

①面板左侧

运动机构下包括每一条生成的轨迹；显示出每条轨迹运行的起始时间、结束时间和进度。进度表示完成的百分比。

②面板右侧

轨迹中存在"发送事件"和"接收事件"时，面板上会显示出黑色箭头，箭头的指向是接收物体，如图 3-59 所示。轨迹中发送对象和接收对象过多时，可通过仿真管理面板查看匹配情况。

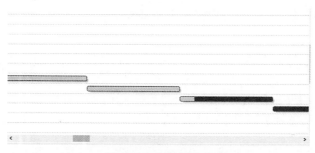

图 3-59　发送等待关系

若在同一时间内出现多个时间轴，说明在这段时间内，有多条轨迹同时运行。

（6）时序图

时序图命令位于"显示"栏中，如图 3-60 所示。

3. 添加仿真事件

添加仿真事件位于调试面板轨迹点列表中任意轨迹点的右键菜单内。添加仿真事件一般是对轨迹点添加新的指令，满足实际操作过程中的多种需求。可添加的事件包括抓取事件、放开事件、发送事件、等待事件、等候时间事件和自定义事件等，如图 3-61 所示。

关联端口，即设备与外界通信交流的出入口。

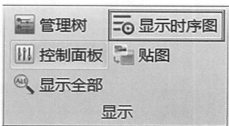

图 3-60　显示时序图

仿真事件需要发出命令的设备给执行设备一个信号，信号接收需要一个端口，执行设备接收到信号后开始执行事件。

端口值，即每个端口区别其他端口的特殊符号。

相同对象、相同模型在不同轨迹中的关联端口是不同的；如果是两个不同的模型，它们的关联端口可以是相同的，端口值默认为 1。

添加完的仿真事件会显示在机器人加工管理面板的工艺信息中，右键可对事件进行编辑和删除，如图 3-62 所示。

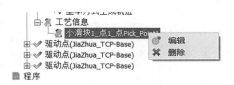

图 3-61　添加仿真事件　　　　　　图 3-62　仿真事件的编辑和删除

（1）设置停留时间

设置停留时间，也就是添加自定义事件，从而使机器人在走到某个位置后，按约定的时间停顿下来，等待片刻。一般的操作步骤如图 3-63 所示。等候时间事件是在被选中的轨迹点前输出。自定义事件由编程人员来决定输出位置是点前还是点后。余下的事件都是在轨迹点后输出。

添加"等候时间事件"，如果该机器人后置格式文件内配置了相应的该自定义事件，则后续输出后置代码时，就可以在后置文件内看到这个等候时间事件的具体表现形式。不同品牌机器人，该代码段各不相同。

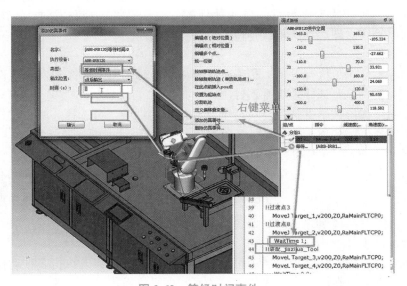

图 3-63　等候时间事件

（2）抓取事件

一个对象抓取另一个目标对象，抓取点的选定不固定、不唯一。要在对话框中确定执行设备和关联设备。生成抓取事件时，事件名称默认为 [执行设备] 抓取 < 关联设备 >，如图 3-64 所示。

（3）放开事件

一个对象放开另一个目标对象，放开点的选定不固定、不唯一，要确定好执行设备和关联设备。生成放开事件时，事件名称默认为 [执行设备] 放开 < 关联设备 >，如图 3-65 所示。

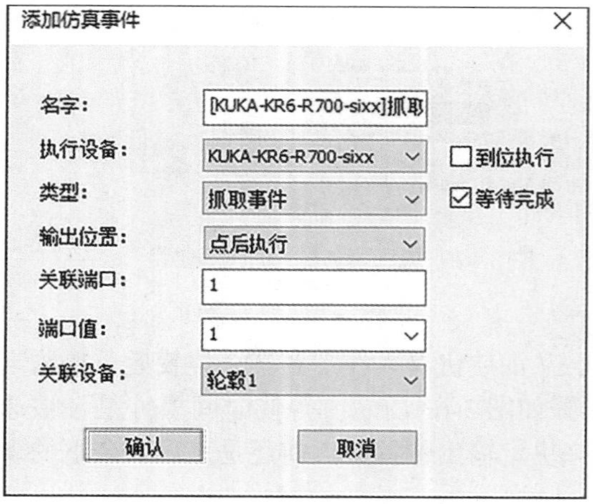

图 3-64　抓取事件 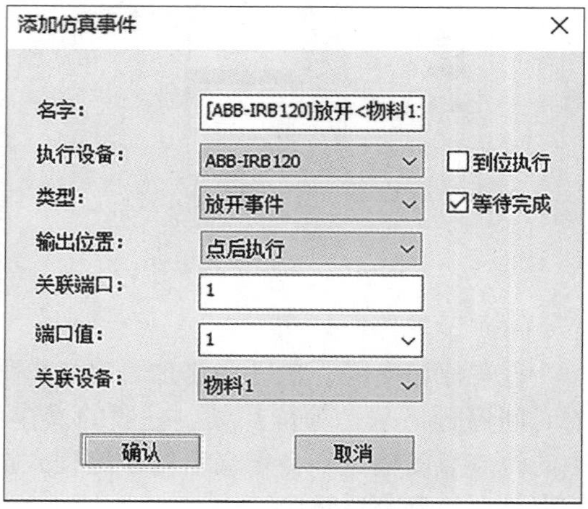　　　　图 3-65　放开事件

（4）发送事件与等待事件

发送事件与等待事件即两个物体通信，需要一个物体发送，另一个物体接收。如 A 物体为发送方，B 物体为接收方。当 A 物体的"发送事件"被触发时，B 物体从 A 物体处接收到信号后立即运动，不再等待。

①发送事件

事件名字默认为 [执行设备] 发送：数值。发送时，类型选择为发送事件。当为接收物体时，类型一定要选择为等待事件。

点击按钮可弹出"事件选择"对话框。在该对话框中，可选择并查看发送事件的接收者，以及选择事件名称。

②等待事件

事件名字默认为等待 <[发送信号设备] 发送：数值。类型选择为等待事件。

点击  按钮可弹出"事件选择"对话框。在该对话框中，可选择并查看等待事件的发送者，以及选择事件名称，如图 3-66 所示。

（5）自定义事件

根据需要自己输入内容（机器人可执行的语言），让机器人执行多种动作指令。添加的自定义事件可以在后置中生成代码，从而实现真机操作，如图 3-67 所示。

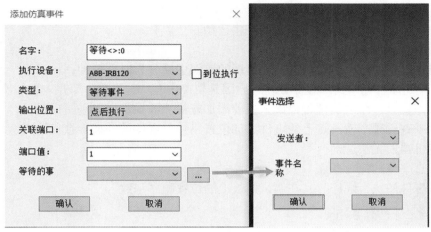

图 3-66 等待事件

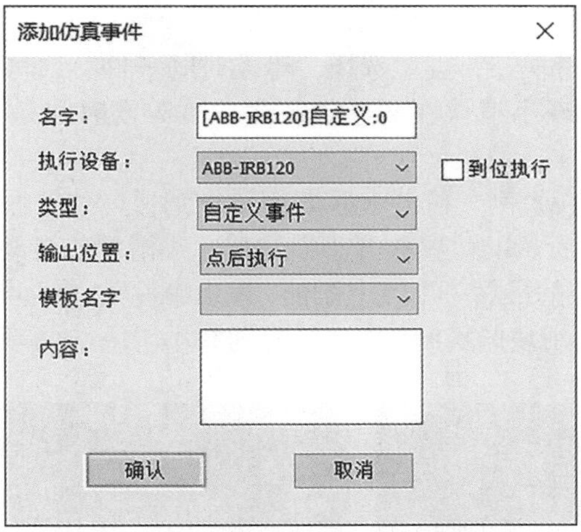

图 3-67 自定义事件

在添加自定义事件之前，需先在"工艺设置"中添加自定义事件模板。

①录入：将设置的模板名字和内容录入到右侧表格中。

②删除行：删除表格中的一行模板。单击选中表格中的某一行，使其变为蓝色处于可操作状态后，可删除该行。

③从文件读取：从格式为 robdef 的文件中读取自定义模板信息。

④保存到文件：将当前自定义模板信息保存到格式为 robdef 的文件中，方便下一次读取使用。

在工艺设置中添加好自定义模板后，通过轨迹点右键菜单"添加仿真事件"，打开自定义事件界面，从模板名字的下拉菜单中选择需要添加的自定义事件，则模板内容会自动加载显示。

⑤输出位置：决定输出所添加的自定义事件的位置，包括点前输出和点后输出，即该事件是在所选轨迹点前被执行还是点后被执行。

（6）停止事件

该功能是让目标对象在指定的点停止运动。

4. 修改仿真事件

添加仿真事件后，进行仿真，会出现的错误主要分为以下两种：

（1）发送事件与等待事件不匹配。原因是轨迹中有等待事件，却并未添加发送事件。

（2）仿真事件添加的位置错误，提前添加或滞后添加都会出现错误提示。此时需要根据提示来查看哪个轨迹点上的事件添加位置出错。事件的添加导致机器人运动轨迹出现环路，机器人无法运动。

5. 仿真事件的执行顺序

仿真事件的执行顺序与其在调试面板上的位置顺序一致。

3.4.4　任务实施

（1）以机器人上下料为例，设置等候时间事件，如图 3-68 所示。

小滑块需要等传送带滚动起来才能运动到传送带上，可以先让小滑块等待 3 s。

选择"添加仿真事件"，弹出对话框。

执行设备选择"小滑块"，类型选择"等候时间事件"，时间设为 3，点击"确认"即可。继而仿真，会发现小滑块在驱动点 3 之前（等候时间是在选取的点前）停留了 3 s 才继续运动。

（2）以机器人上下料为例，机器人抓取小滑块到目标位置后放开。

机器人在如图 3-69 所示的位置放开小滑块后，小滑块应自动落下到工作台底部。此时，应在机器人放开轨迹的最后一个点上添加"发送事件"，在小滑块的驱动点上添加"等待事件"。机器人放开小滑块的瞬间，发送信号通知小滑块结束等待，滑落到工作台底部。

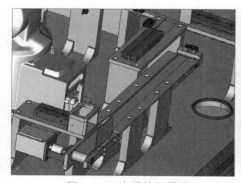
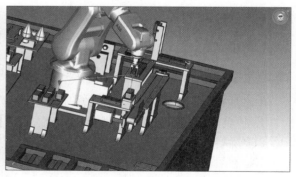

图 3-68　小滑块场景图　　　　　图 3-69　机器人上下料场景图

先设置发送事件。选中机器人的最后一个放开点，右击，添加的仿真事件如图 3-70 所示。填写好信息点击"确认"即可。

接下来设置等待事件。

选中小滑块的"驱动点 1"后，右击选择"添加仿真事件"，如图 3-71 所示。

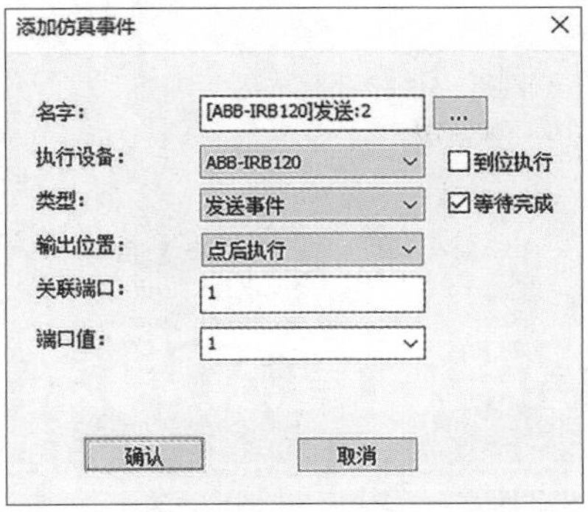

图 3-70　"发送事件"示意图

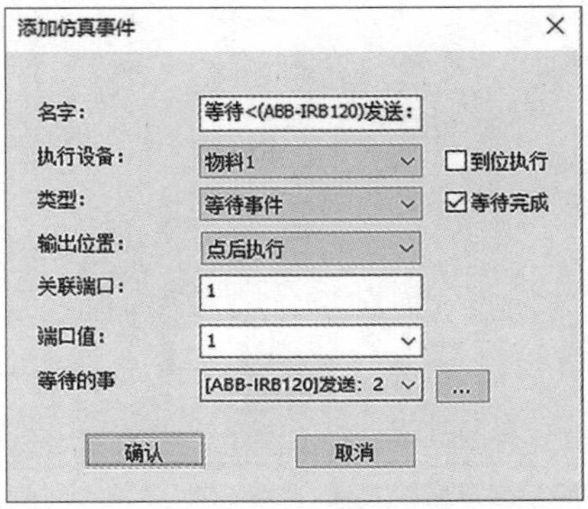

图 3-71　"等待事件"示意图

这里等待的是选择刚刚添加的 [ABB-IRB120] 发送：2，这样发送和接收的事件就匹配上了。

3.4.5　任务评价

任务评价如表 3-9 所示。

表 3-9　任务评价表

项目	内容	配分	得分	备注
团队合作	实施任务过程中有讨论	5		
	有工作计划	5		
	有明确的分工	5		
	系统摆放合理、美观	10		
任务实施	设置等候时间事件	20		
	抓取 / 放开事件	30		
6S 管理	完成操作后，工位无垃圾	10		
	完成操作后，计算机等摆放整齐	5		
安全事项	过程中，无损坏设备及人身伤害现象	10		
总分				

项目 4   离线程序代码后置及调试

任务 4.1   生成后置代码

4.1.1   任务目标

（1）能熟练把先行阶段所产生的中间代码转换为相应的目标代码；
（2）理解基本后置及流程；
（3）能够按语义要求设计目标代码结构，生成目标代码。

4.1.2   任务内容

（1）把先行阶段所产生的中间代码转换为相应的目标代码；
（2）生成目标代码。

4.1.3   知识链接

1. 基本后置介绍及流程

后置位于机器人编程→基础编程中，如图 4-1 所示。后置功能将在软件中生成的轨迹、坐标系等一系列信息生成机器人可执行的代码语言，可以拷贝到示教器控制真机运行。

图 4-1   后置

单击基础编程中的"后置"，弹出"后置处理"的对话框，如图 4-2 所示。
（1）缩进设置
缩进设置主要是编辑后置文件的格式，一般选择默认的"空格"。
（2）机器人末端
机器人末端设置主要包括机器人末端后置和工具末端后置，是确定输出的代码以机器人末端坐标（法兰坐标系）为准还是以工具末端坐标为准。

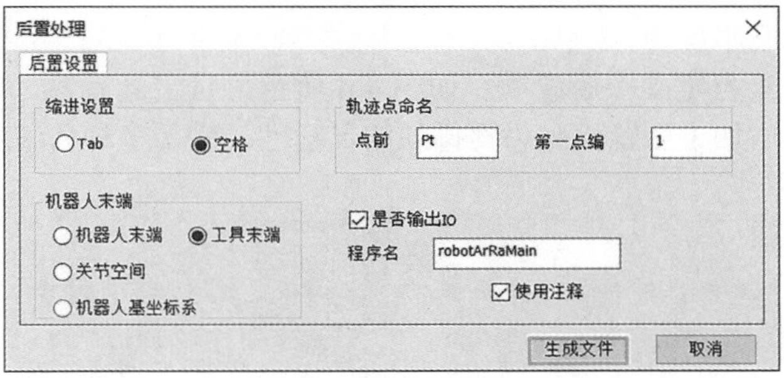

图 4-2　后置处理

（3）轨迹点命名

轨迹点命名由前缀和编号组成，可根据个人喜好进行设置，一般也会选择在这个界面选择默认的选项。

有时在后置时，需要将一条轨迹（假设有 90 个点）拆开导出或保存，可以将轨迹前半部分（假设有 49 个点）的第一点编号设置为 1，后半部分的第一点编号可以设置为 50。

（4）程序名称

程序的名称可自行输入和修改。一般来说，该名称为示教器所识别的模块名称。

（5）使用注释

注释是指解释代码语言的文字，是否使用注释根据需要设定，使用注释和不使用注释对比如图 4-3 所示。

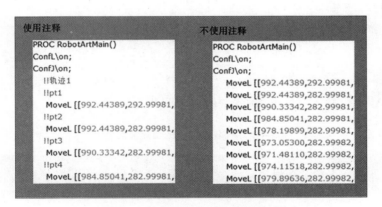

图 4-3　使用注释和不使用注释对比

（6）后置代码编辑器

点击"生成文件"后，弹出后置代码编辑器，生成代码。

不同的机器人后置会生成不同的文件格式。KUKA 机器人会后置出后缀为 DAT/SRC 的两个文件，其他机器人会后置出一个后缀为 mod 的文件。

后置代码的显示方式中有点的坐标，字符和注释用不同颜色区别开来，代码查看起来清晰明了。行号显示，方便定位某一行的代码。折叠功能，同一组别或者段落的代码可以实现手动折叠展开和收起。

后置格式的具体显示样式，如字体颜色、背景色、折叠方式等都用 XML 控制。因此，用户可依据实际需求，自定义后置的具体显示样式。

2. 自定义后置基本说明

自定义后置位于自定义→后置中，如图 4-4 所示。自定义后置，即自定义机器人的后置代码，大幅度增加了后置代码书写排列的灵活性，满足多种后置需求。

图 4-4　自定义后置

自定义后置一般与自定义机器人相关联。自定义机器人时需选择后置类型，将自定义的后置文件导入，即可为自定义的机器人设置后置格式。

自定义后置按照指定的后置格式，通过拖拽方式来生成机器人后置文件。

元素的删除与编辑：右击各个元素，可实现删除操作，可编辑其属性，如图 4-5 所示。

属性包括选中对象的精度（数值保留的小数点）、表达式以及是否选择为关键字，如图 4-6 所示。

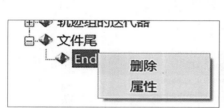

图 4-5　元素的删除与编辑

图 4-6　元素属性

本书以 ABB 机器人的自定义后置为例（表 4-1）。

表 4-1　ABB 机器人的自定义后置

序号	步骤	图示
1	找到目标机器人准确的后置代码文件，以其为参照，自定义目标机器人后置代码	

表 4-1（续）

序号	步骤	图示
2	确定后置代码的表示含义和格式	
3	确定要用到哪些运算表达式。后置中，所有数值类元素都有运算表达式即 this+ 运算符。默认的位移和距离单位为 mm，速度单位为 mm/s，关节角单位为弧度（rad）。例如，将关节角的单位由弧度转换为角度，运算表达式为"this*3.14/180"	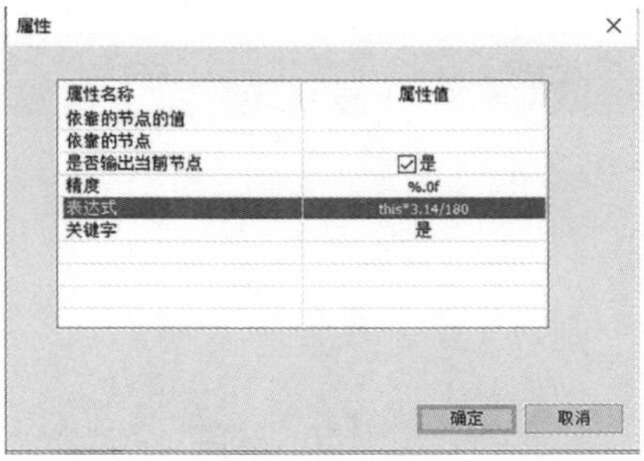
4	确定每个节点之间的层级关系。一般情况下，文件结构的正常层级关系为文件头→轨迹组的迭代器→文件尾	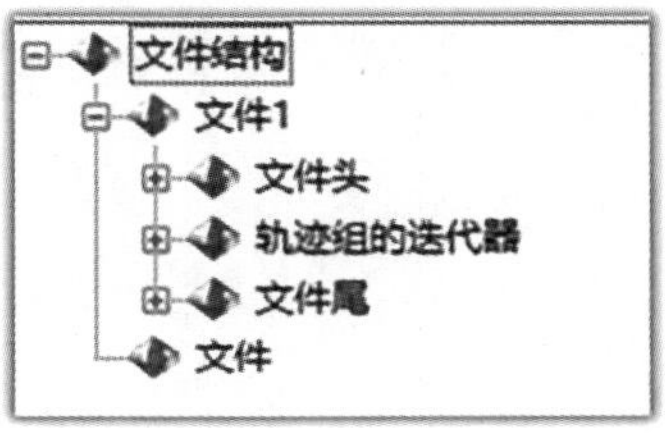
5	"轨迹组的迭代器"层次关系如右图所示	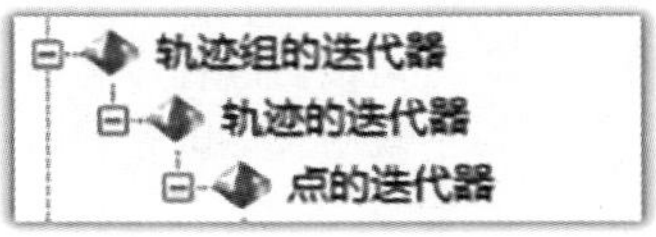
6	MoveL、moveJ、moveAbsJ 和 moveC 必须放到点指令下	
7	"点的 IO 事件"下必须包括默认 IO 事件信息和 IO 值（自定义事件和等候时间事件除外）	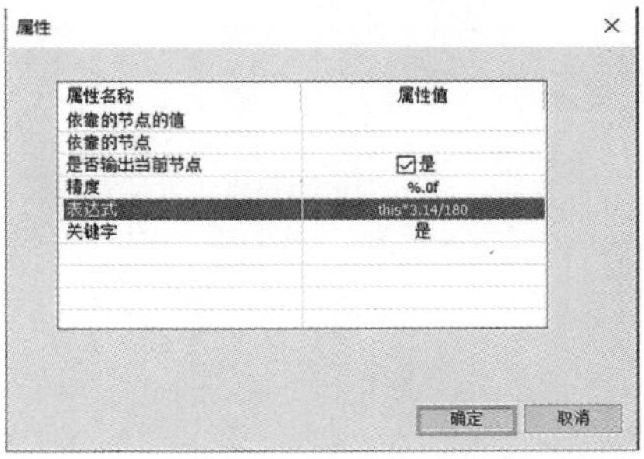

注意：任何字符都是英文字符，如果文件中有中文字符则不能加载进来。

4.1.4　任务实施

后置的方法如表 4-2 所示

表 4-2　后置的方法

序号	步骤	图示
1	点击"后置"会把之前所有创建的轨迹都进行处理	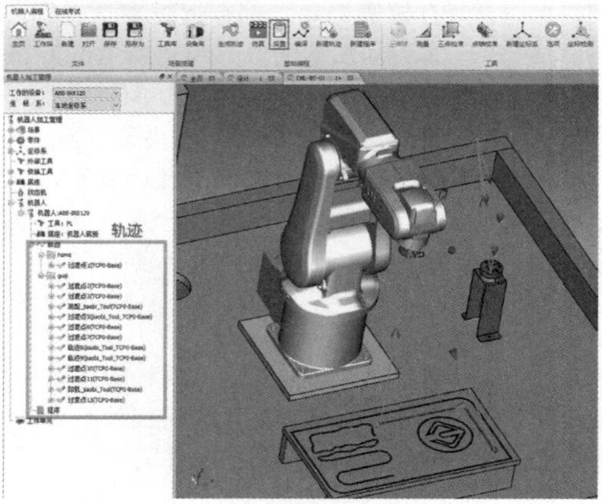
2	可以修改程序名称（不能出现中文标识）	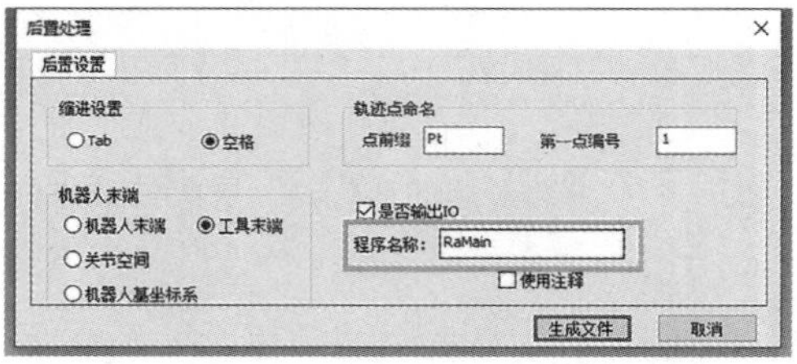
3	修改完成后点击"生成文件"	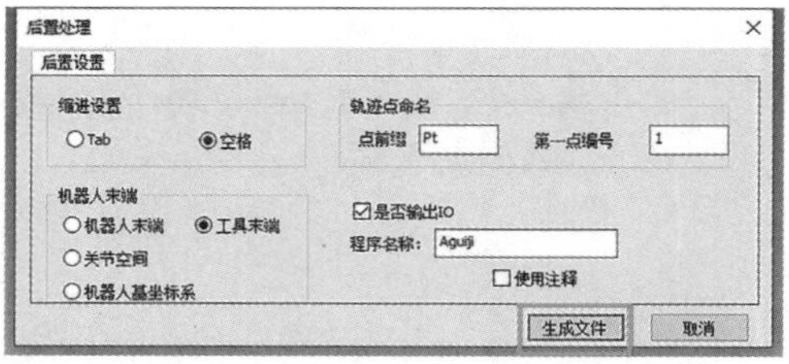
4	后置文件处理界面	

表 4-2（续 1）

序号	步骤	图示
5	前缀的文件不用进行修改，滑动到刚刚修改的文件名称"Aguiji"，只需要修改这里的部分指令标识即可	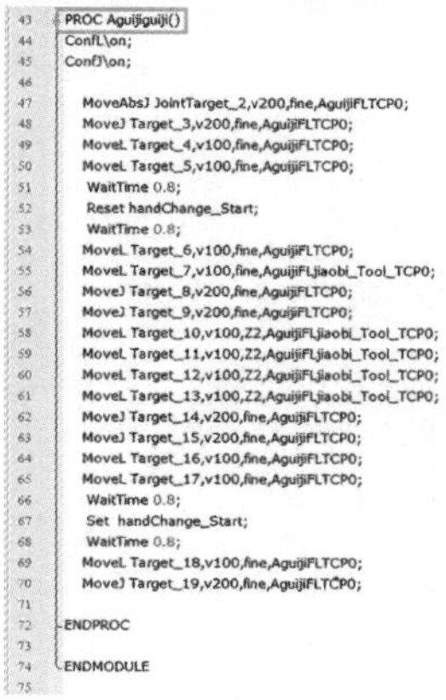
6	后置操作如右图所示	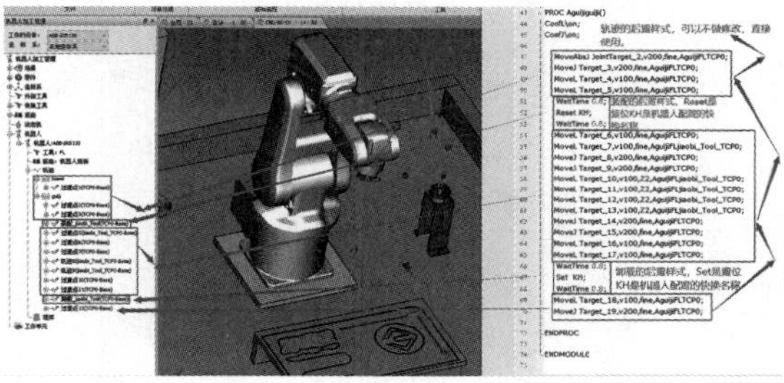
7	修改完毕点击"导出"按钮	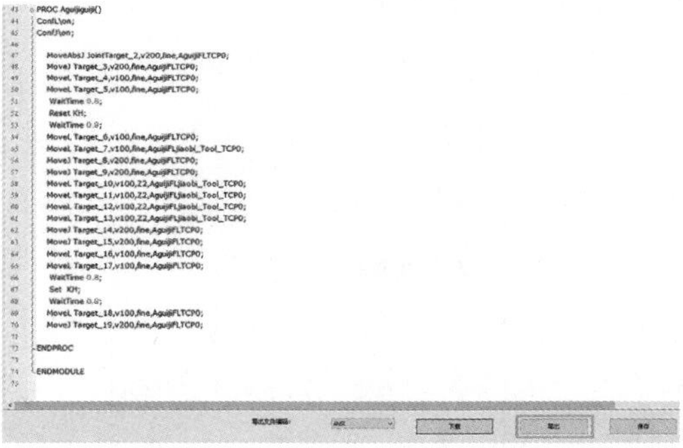
8	把后置程序导入到 U 盘中	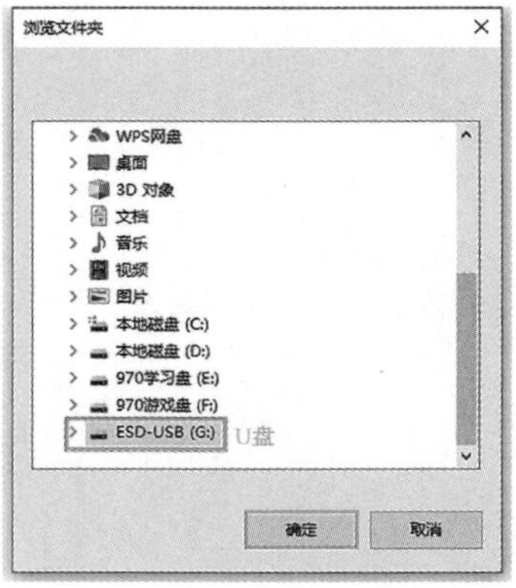

表 4-2（续 2）

序号	步骤	图示
9	导入完毕	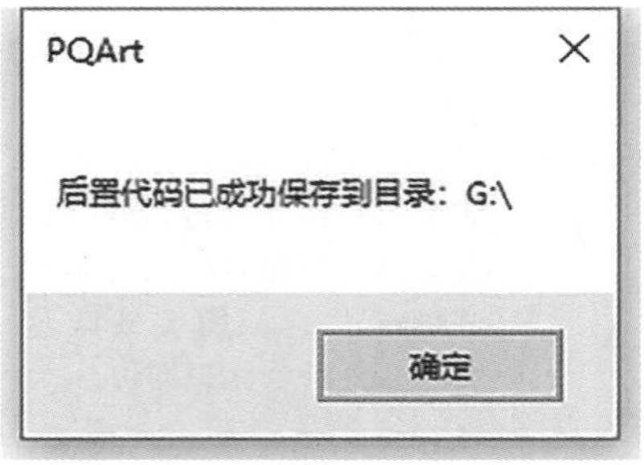
10	将 U 盘插入示教器的右下角的插槽	
11	点击示教器的菜单	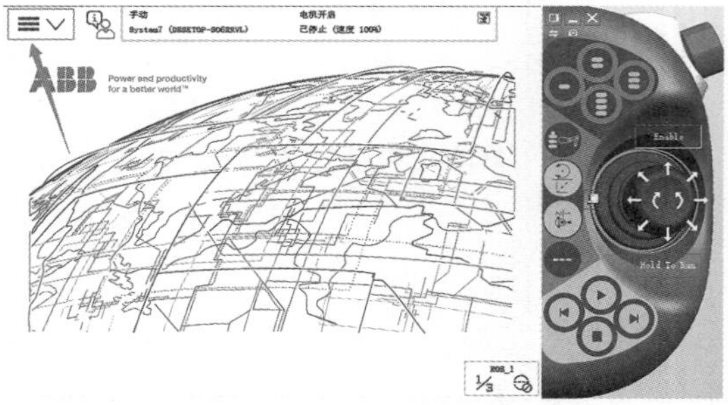
12	点击"程序编辑器"	

表 4-2（续 3）

序号	步骤	图示
13	点击模块	
14	点击"加载模块"	
15	点击"是"	
16	连续点击右图图标，直到点击无动作为止	

表 4-2（续 4）

序号	步骤	图示
17	选择刚刚软件导入的硬盘	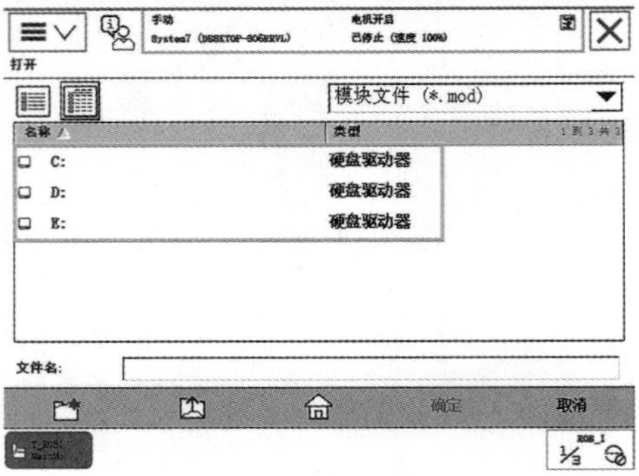
18	找到命名好的轨迹并确定导入	
19	导入成功后点击"显示模块"	
20	软件里修改的程序即被完完整整带入到示教器里	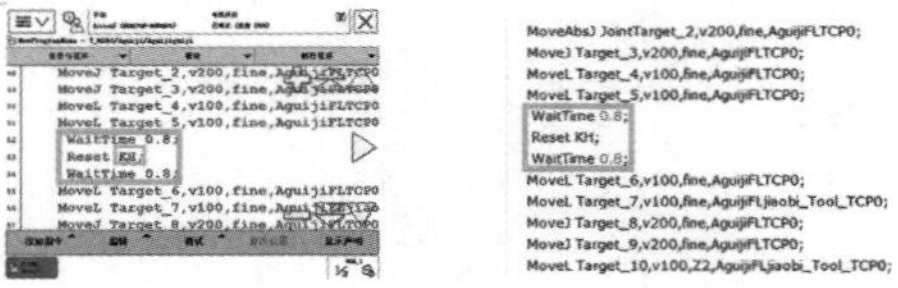

4.1.5 任务评价

任务评价如表 4-3 所示。

表 4-3 任务评价表

项目	内容	配分	得分	备注
团队合作	实施任务过程中有讨论	5		
	有工作计划	5		
	有明确的分工	5		
	系统摆放合理、美观	10		

表 4-3（续）

项目	内容	配分	得分	备注
任务实施	后置代码设置编辑	20		
	后置代码导出	30		
6S 管理	完成操作后，工位无垃圾	10		
	完成操作后，计算机等摆放整齐	5		
安全事项	过程中，无损坏设备及人身伤害现象	10		
总分				

任务 4.2　真机调试离线程序

4.2.1　任务目标

（1）能够完成 PQArt 与机器人控制柜直连；
（2）掌握自动更换运行程序的办法和多 IP 设置。

4.2.2　任务内容

（1）电脑安装 PQArt；
（1）PQArt 与机器人控制柜直连；
（3）设置 IP。

4.2.3　任务实施

1.PQArt 与机器人控制柜直连

PQArt 与机器人控制柜直连位于功能面板中的机器人编程→基础编程→后置的后置代码编辑器内功能面板程序编程→程序输出→传送至控制器，可以实现将后置代码通过"后置代码编辑器"界面内的"下载"功能（或者通过程序编程→程序输出→传送至控制器命令），将机器人的后置代码直接通过网线导入机器人控制柜。

这里主要是讲解将 PQArt 内制作的 ABB 机器人的后置代码直接输出到 ABB 机器人控制柜内的一种办法，其他机器人暂不支持该功能。

（1）前提准备。需要先安装 PQArt_Edu_x86_Setup.exe，然后再装 PQArt_ABB_Conn_2019_x86_Setup.exe。

（2）首先将安装有 PQArt 的电脑或笔记本，通过网线和 ABB 机器人的控制柜相连（X2口），如图 4-7 所示。

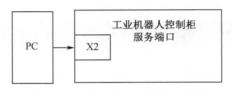

图 4-7　电脑与控制柜连接示意图

（3）设置 IP。如表 4-4 所示。

表 4-4　设置机器人 IP 步骤

序号	步骤	图示
1	点击示教器"系统信息"	控制面板 事件日志 FlexPendant 资源管理器 系统信息
2	点击示教器"服务端口"	系统信息 控制器属性 网络连接 服务端口 WAN 已安装系统 系统属性 — IP 地址 192.168.125.1 — 子网掩码 255.255.255.0 — 默认网关 无
3	电脑设置 IP 地址	将系统管理员处获得适当的 IP 设置。 自动获得 IP 地址(O) 使用下面的 IP 地址(S): IP 地址(I) 192.168.125.2 子网掩码(U) 255.255.255.0 默认网关(D) 自动获得 DNS 服务器地址(B) 使用下面的 DNS 服务器地址(E): 首选 DNS 服务器(P) 192.168.125.1 备用 DNS 服务器(A) 退出时验证设置(L) 高级(V)...

（4）事先准备好含有和直连的 ABB 机器人同型号的、含轨迹的场景文件（*.robx），将它在 PQArt 内打开；接着单击"后置"功能，起一个后置名字（比如命名为 Han，或

者默认的 RaMain）；在后续打开的后置界面内，单击"下载"（或者启动程序编辑后，在程序编辑内单击"传送到控制器"），如图 4-8 所示。

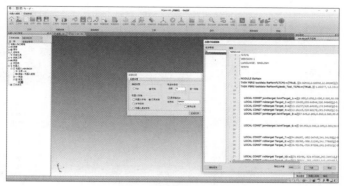

图 4-8　下载后置文件

注意：不要同时在个人计算机内打开 robotstudio，因为 robotstudio 会优先抢占网口。

（5）下面分别按机器人处于手动模式和自动模式讲解一下具体的操作细节。

手动模式操作步骤如表 4-5 所示。

表 4-5　手动模式操作步骤

序号	步骤	图示
1	如果第（4）步时，设置的后置名字和示教器已有的后置同名，会弹出提示，单击"是"，会覆盖原有程序	
2	接着第（4）步，程序首次下载到示教器时，机器人示教器会弹出"请求写权限"窗口，单击"同意"，文件即可下载到机器人控制柜内	

表 4-5（续）

序号	步骤	图示
3	打开示教器的"程序编辑器"界面，查看已有的模块，就会发现 ABB 的后置文件已经传到示教器上（比如后置的名字为 Han）	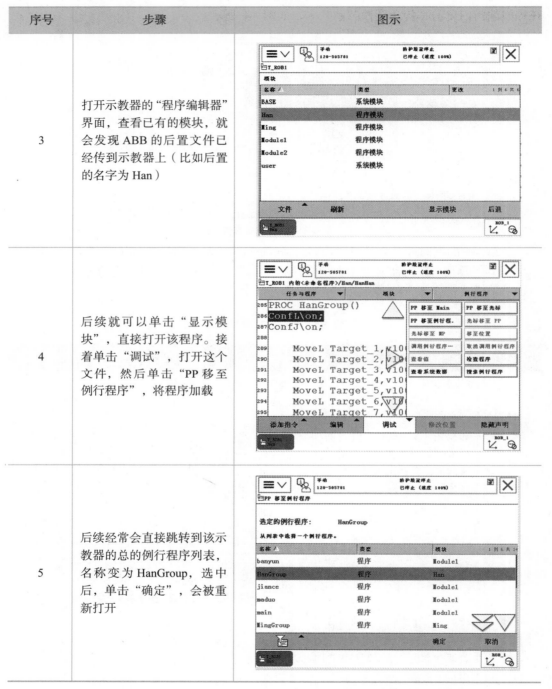
4	后续就可以单击"显示模块"，直接打开该程序。接着单击"调试"，打开这个文件，然后单击"PP 移至例行程序"，将程序加载	
5	后续经常会直接跳转到该示教器的总的例行程序列表，名称变为 HanGroup，选中后，单击"确定"，会被重新打开	

接着，左手按住示教器使能键，右手单击示教器上的"运行"按钮，即可真机模拟。

注意：这时的运动算是半自动，虽然可以"单步运行"或"连续运行"，但必须一直按着示教器的使能键才可以。

将 PP 添加至 Main，方法有两种：

①在手动模式第（4）步，直接单击"PP 添加至 Main"，可以把导入的程序添加到 Main 主程序执行序列内，方便后续自动模式下的调试。

②示教器退到主界面，操作步骤如表 4-6 所示。

表 4-6　示教器 PP 添加至 Main 操作步骤

序号	步骤	图示
1	单击"程序编辑器"	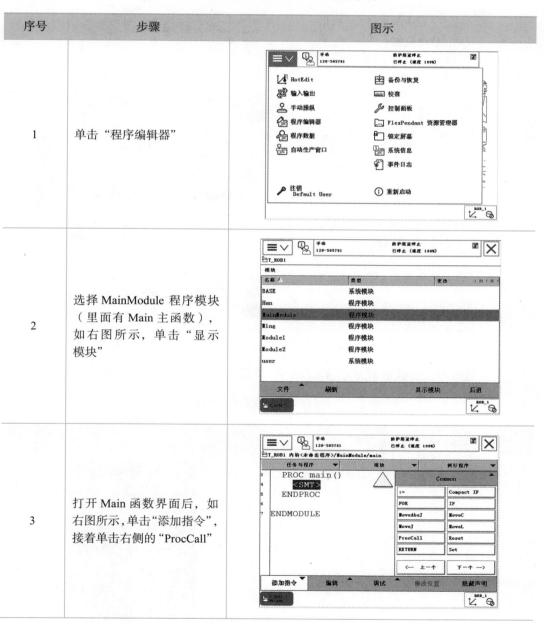
2	选择 MainModule 程序模块（里面有 Main 主函数），如右图所示，单击"显示模块"	
3	打开 Main 函数界面后，如右图所示，单击"添加指令"，接着单击右侧的"ProcCall"	

表 4-6（续）

序号	步骤	图示
4	从"子程序调用列表"内选择"HanGroup"子程序，如右图所示，然后单击"确定"	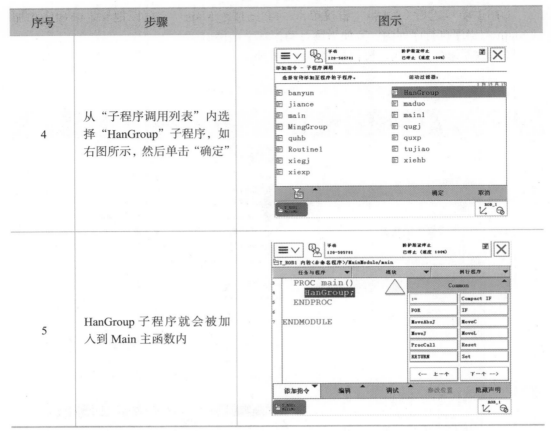
5	HanGroup 子程序就会被加入到 Main 主函数内	

将控制柜上的切换锁调至"自动运行"模式，具体操作步骤如表 4-7 所示。

表 4-7 "自动运行"模式下具体操作步骤

序号	步骤	图示
1	钥匙开关调至"自动运行"模式	

表 4-7（续 1）

序号	步骤	图示
2	示教器会弹出多个警告提示，如图所示，单击"确定"即可，切换到自动模式的警告	
3	屏幕显示速度变为 100% 运行警告	
4	接着，示教器会将界面直接切换到"Main 主程序"界面，如右图所示；接着单击"PP 移至 Main"	
5	示教器弹出警告，单击"是"即可	

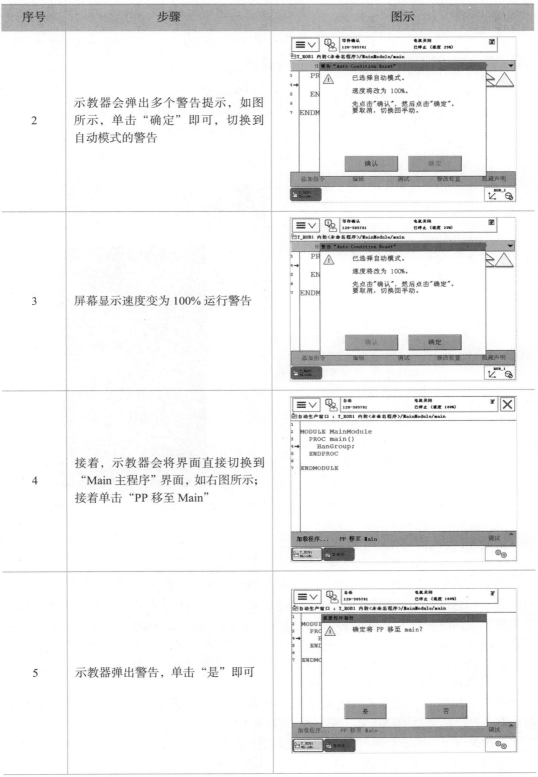

表 4-7（续 2）

序号	步骤	图示
6	按示教器上的"运行"按钮（注意：自动运行状态下，不用按示教器的"使能"），示教器会直接报错，如右图所示	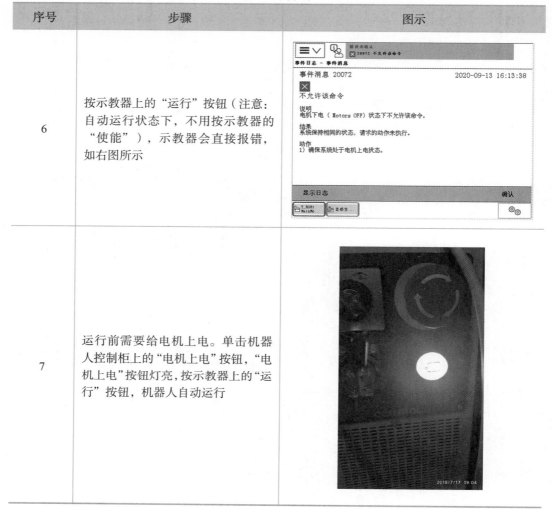
7	运行前需要给电机上电。单击机器人控制柜上的"电机上电"按钮，"电机上电"按钮灯亮，按示教器上的"运行"按钮，机器人自动运行	

2.PQArt 与机器人控制柜直连说明

（1）自动更换运行程序的办法

当上面的工作都做完后，后续如果想替换机器人的原有轨迹，让机器人做新的动作，只需打开做好的含轨迹的 robx 文件；单击后置，对后置进行命名，后置名称确保和上述讲解中提到的一致（上面描述中，将后置名称命名为 Han，也可以用其他名字，或者用默认的 RaMain）；再通过打开的后置面板的"下载"按钮，将程序下载到控制柜覆盖原先的轨迹，然后给控制柜"电机上电"，单击示教器的"运行"即可。

（2）多 IP 设置

一个工作站的工控机（其实就是一台电脑），在没有外网的情况下，需要与 PLC 和机器人控制柜通过网络连接，都需要设置单独的 IP。

这种情况下，则需要通过一个"支持多 IP 的交换机"进行网线布局，如图 4-9 所示。

同时，需要对 TCP/IP 进行多 IP 设置，如图 4-10 所示。

图 4-9　网络布局图　　　　　4-10　多 IP 设置

4.2.4　任务评价

任务评价如表 4-8 所示。

表 4-8　任务评价表

项目	内容	配分	得分	备注
团队合作	实施任务过程中有讨论	5		
	有工作计划	5		
	有明确的分工	5		
	系统摆放合理、美观	10		
任务实施	能够完成 PQArt 与机器人控制柜直连	20		
	自动更换运行程序的办法和 IP 设置	30		
6S 管理	完成操作后，工位无垃圾	10		
	完成操作后，计算机等摆放整齐	5		
安全事项	过程中，无损坏设备及人身伤害现象	10		
总分				

项目 5　离线编程及仿真应用案例

任务 5.1　机器人写字

5.1.1　任务目标

（1）能够熟练完成场景搭建；
（2）熟悉写字和编译仿真过程；
（3）能完成编译仿真过程。

5.1.2　任务内容

（1）场景搭建；
（2）使用搭建场景让机器人完成"北海职业学院"写字过程；
（3）编译仿真。

5.1.3　任务实施

（1）场景搭建步骤如表 5-1 所示。

机器人仿
真写字

ABB 机器
人写字
案例

表 5-1　机器人写字场景搭建步骤

序号	步骤	图示
1	点击"机器人库"	

表 5-1（续1）

序号	步骤	图示
2	插入机器人"ABB-IRB120"	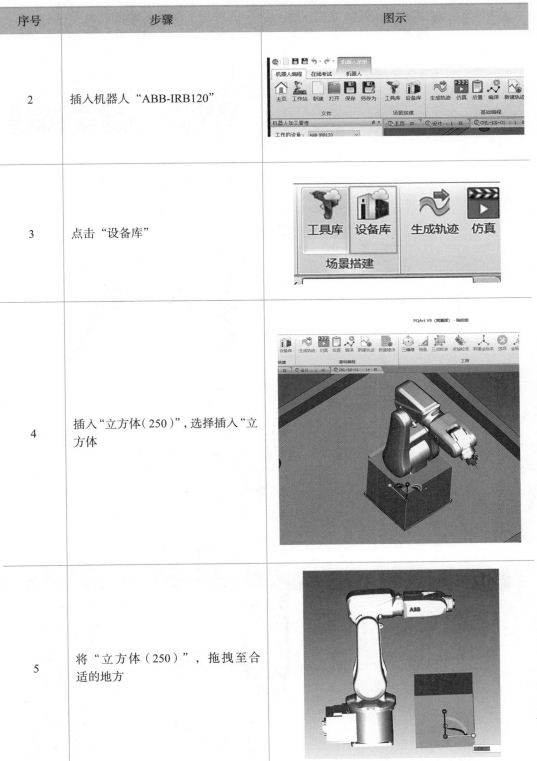
3	点击"设备库"	
4	插入"立方体（250）"，选择插入"立方体	
5	将"立方体（250）"，拖拽至合适的地方	

表 5-1（续 2）

序号	步骤	图示
6	点击取消三维球，然后点击"工具库"	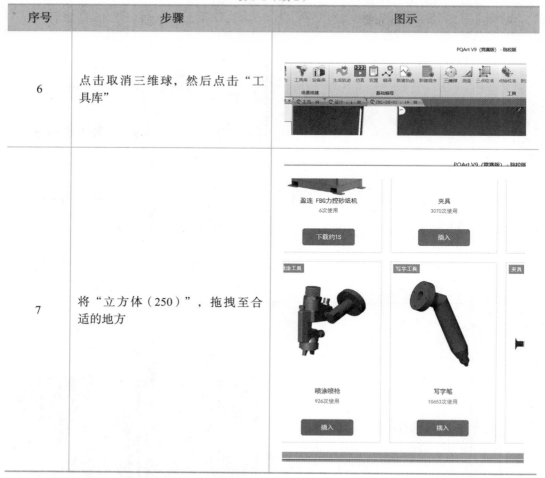
7	将"立方体（250）"，拖拽至合适的地方	

（2）使用搭建场景让机器人完成"北海职业学院"写字过程与仿真，操作步骤如表 5-2 所示。

表 5-2　"北海职业学院"写字过程与仿真操作步骤

序号	步骤	图示
1	点击"自由设计"，再点击"新建草图"	

表 5-2（续1）

序号	步骤	图示
2	草绘方向选择"XY平面"，点击"确定"	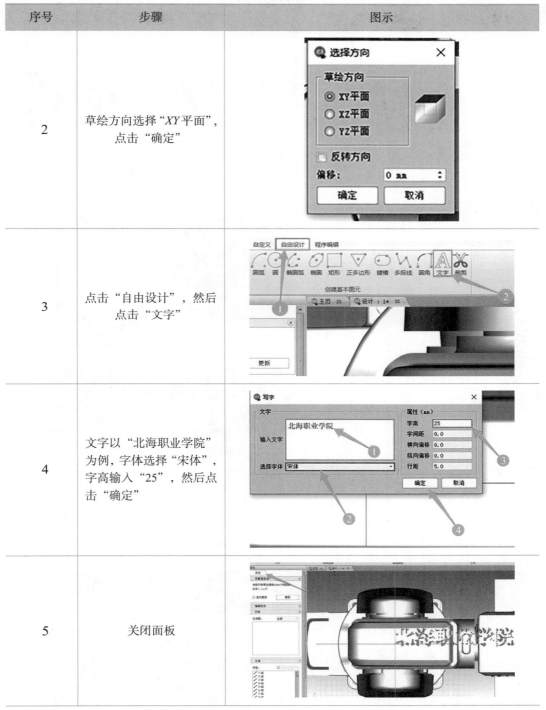
3	点击"自由设计"，然后点击"文字"	
4	文字以"北海职业学院"为例，字体选择"宋体"，字高输入"25"，然后点击"确定"	
5	关闭面板	

表 5-2（续 2）

序号	步骤	图示
6	点击场景目录下的"Sketch3"，然后点击"三维球"	
7	鼠标右击三维球,点击"到点"，将字体移至"立方体（250）"上面	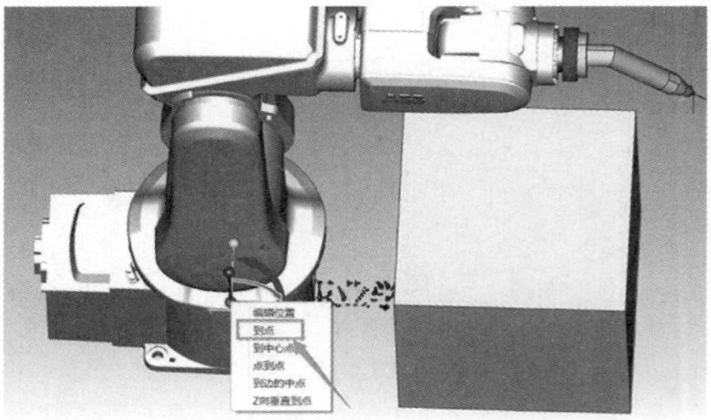
8	将字体负方向旋转 –90°	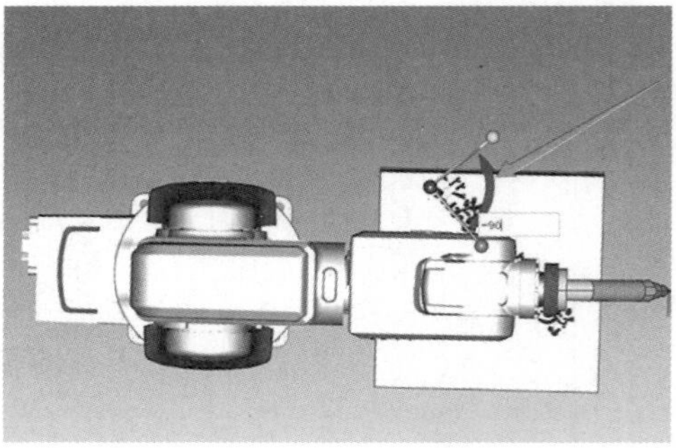
9	点击"三维球"，然后点击"生成轨迹"	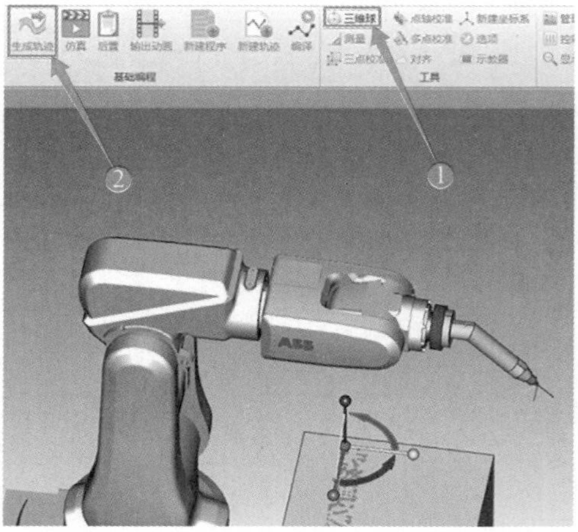

表 5-2（续 3）

序号	步骤	图示
10	轨迹类型选择"曲线特征"	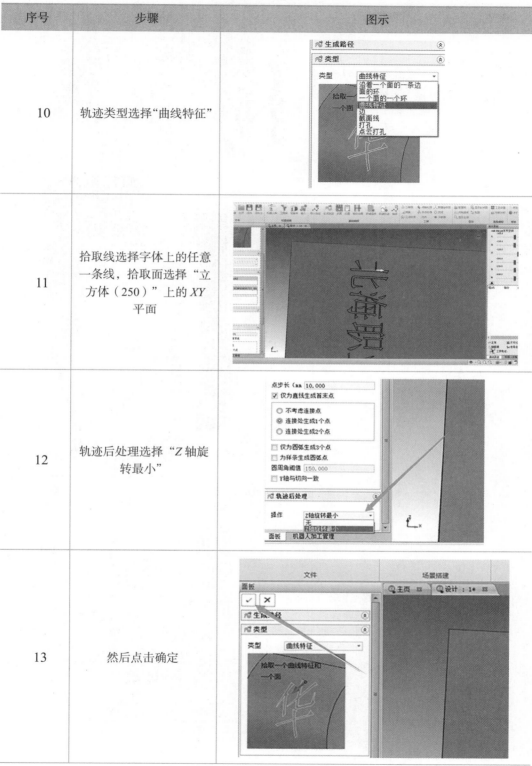
11	拾取线选择字体上的任意一条线，拾取面选择"立方体（250）"上的 XY 平面	
12	轨迹后处理选择"Z轴旋转最小"	
13	然后点击确定	

表 5-2（续 4）

序号	步骤	图示
14	将生成出来的轨迹按 Shift 键 +Ctrl 键点击第一个轨迹和最后一个轨迹全选	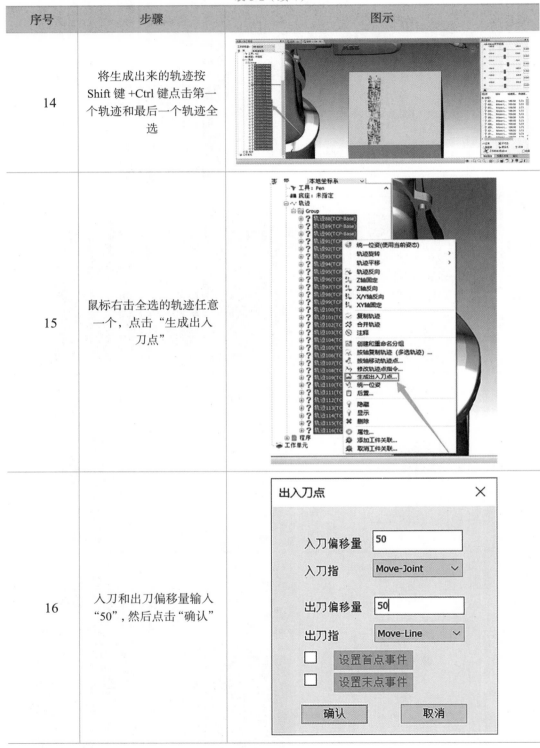
15	鼠标右击全选的轨迹任意一个，点击"生成出入刀点"	
16	入刀和出刀偏移量输入"50"，然后点击"确认"	

表 5-2（续 5）

序号	步骤	图示
17	点击"编译"，编译完成后点击"仿真"	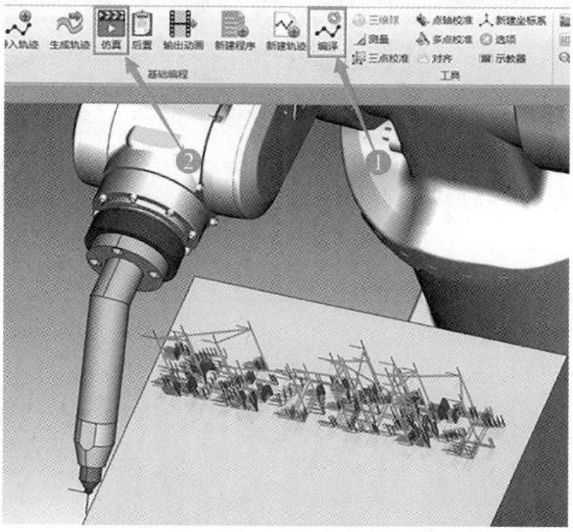
18	点击仿真开始按钮	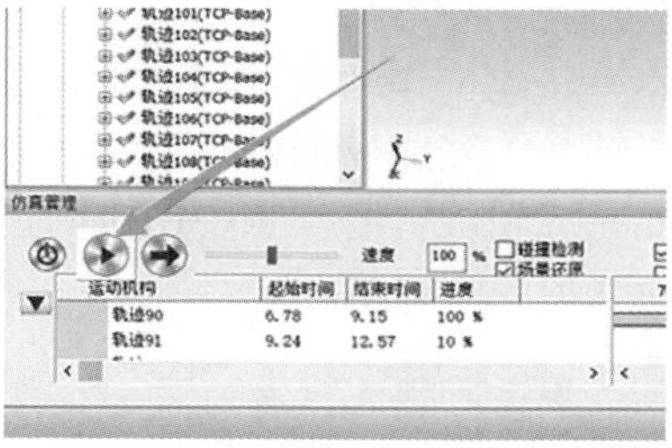

5.1.4. 任务评价

任务评价如表 5-3 所示。

表 5-3　任务评价表

项目	内容	配分	得分	备注
团队合作	实施任务过程中有讨论	5		
	有工作计划	5		
	有明确的分工	5		
	系统摆放合理、美观	10		
任务实施	场景搭建	20		
	写字与编译仿真	30		

表 5-3（续）

项目	内容	配分	得分	备注
6S 管理	完成操作后，工位无垃圾	10		
	完成操作后，计算机等摆放整齐	5		
安全事项	过程中，无损坏设备及人身伤害现象	10		
总分				

任务 5.2 轮 毂 打 磨

5.2.1 任务目标

（1）熟悉新建工作站的过程；
（2）能够熟练完成场景搭建；
（3）能完成轮毂打磨步骤中的铣削过程；
（4）能完成轮毂打磨。

5.2.2 任务内容

（1）新建柔性智能制造系统工作站并完成场景搭建；
（2）完成铣削与轮毂打磨系统仿真运行。

5.2.3 任务实施

（1）工作站的导入步骤如表 5-4 所示。

表 5-4 模块化柔性智能制造系统 CHL-DS-11 工作站的导入步骤

序号	步骤	图示
1	在"机器人编程"中的"文件"里找到"工作站"	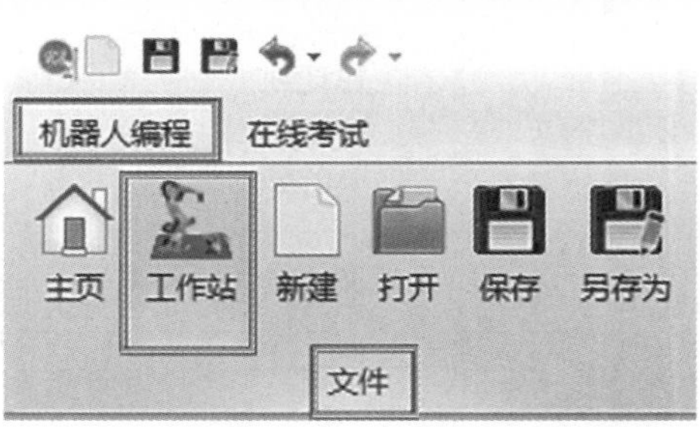

表 5-4（续）

序号	步骤	图示
2	单击插入"模块化柔性智能制造系统 CHL-DS-11"工作站	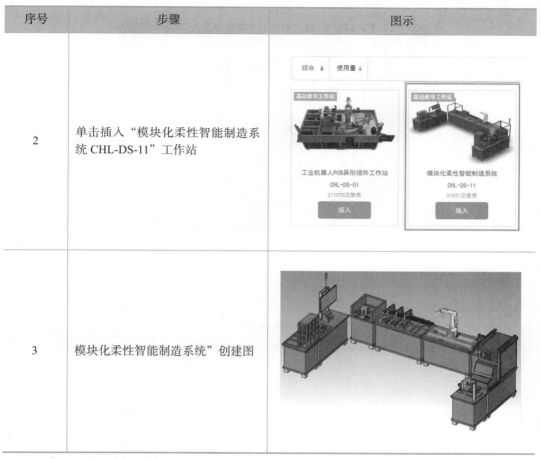
3	模块化柔性智能制造系统"创建图	

模块化柔性智能制造系统各个工作单元的名称和最终摆放位置如图 5-1 所示。

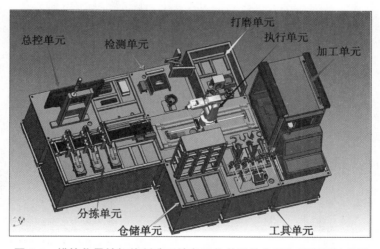

图 5-1　模块化柔性智能制造系统各工作单元的名称和最终摆放位置

（2）仓储单元的摆放，如图 5-2 所示。

图 5-2　仓储单元的摆放

仓储单元的摆放步骤如表 5-5 所示。

表 5-5　仓储单元的摆放步骤

序号	步骤	图示
1	在"机器人加工管理"项目里找到"工作单元"	日 🏭 机器人 　日 🏭 机器人:ABB-IRB120 　　　🔧 工具：FL 　　　▬ 底座：未指定 　　　⋀ 轨迹 　　　🖵 程序 　　⊞ 🏭 导轨:机器人导轨(1P) 　　⊞ 🏭 机器人:数控铣床(3P) 　　⊞ 🏭 工作单元
2	打开"工作单元"	⊞ 🖧 状态机 日 🏭 机器人 　日 🏭 机器人:ABB-IRB120 　　　🔧 工具：FL 　　　▬ 底座：未指定 　　　⋀ 轨迹 　　　🖵 程序 　　⊞ 🏭 导轨:机器人导轨(1P) 　　⊞ 🏭 机器人:数控铣床(3P) 　　日 🏭 工作单元 　　　⊞ 🏭 仓储单元（CHL-DS11-1-ZZ00） 　　　⊞ 🏭 执行单元（CHL-DS11-2-ZZ00） 　　　⊞ 🏭 加工单元（CHL-DS11-3-ZZ00） 　　　⊞ 🏭 打磨单元（CHL-DS11-4-ZZ00） 　　　⊞ 🏭 检测单元（CHL-DS11-5-ZZ00） 　　　⊞ 🏭 工具单元（CHL-DS11-6-ZZ00） 　　　⊞ 🏭 分拣单元（CHL-DS11-7-ZZ00） 　　　⊞ 🏭 总控单元（CHL-DS11-8-ZZ00）

表 5-5（续 1）

序号	步骤	图示
3	单击"仓储单元"	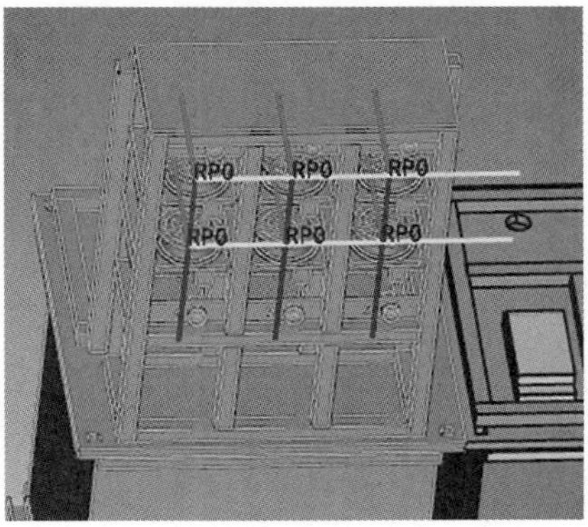
4	看到仓储单元整个被选中状态，点击"三维球"	
5	按下键盘"空格键"使三维球变为编辑模式	

表 5-5（续 2）

序号	步骤	图示
6	鼠标移动至三维球中心点后单击鼠标右键，选择"到点"	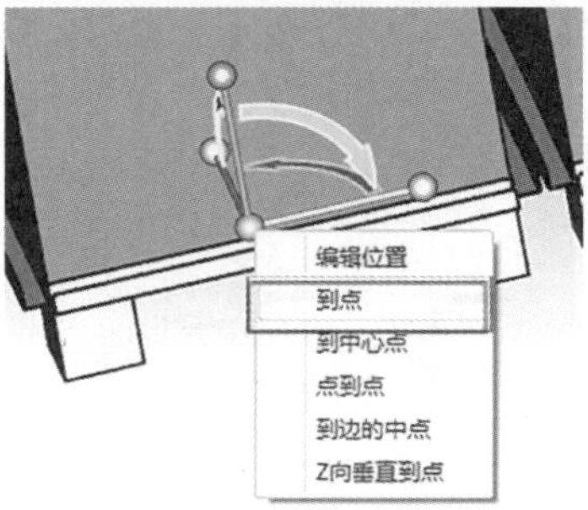
7	点击"仓储单元"的角，使三维球到达如图所示的位置	
8	再按下"空格键"使三维球变回原状，如右图所示	
9	右击三维球中心点选择"到点"	

表 5-5（续 3）

序号	步骤	图示
10	点击"执行单元"的一个角	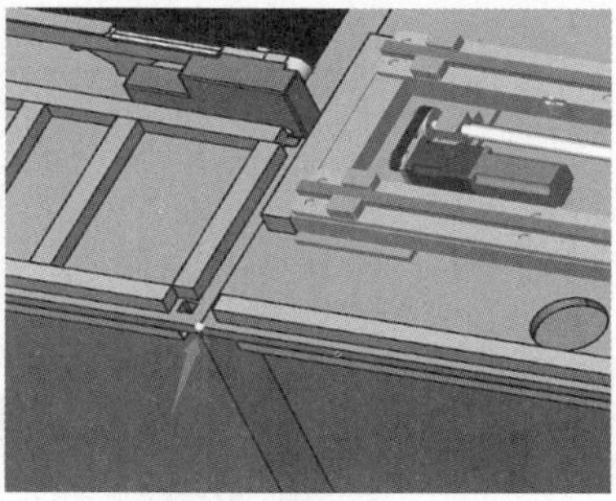
11	右击三维球的 Y 轴，选择"与面垂直"	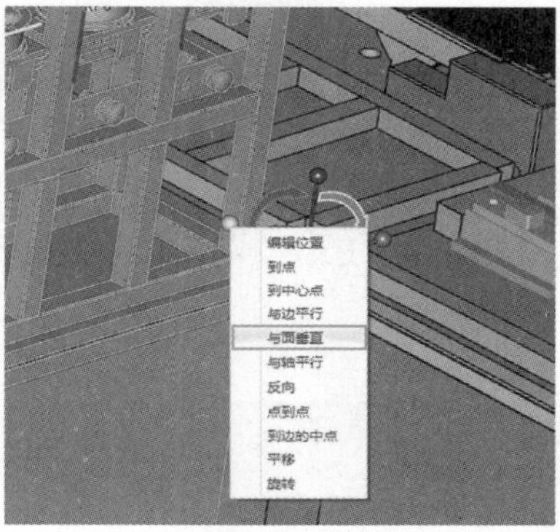
12	单击"执行单元"的一个面	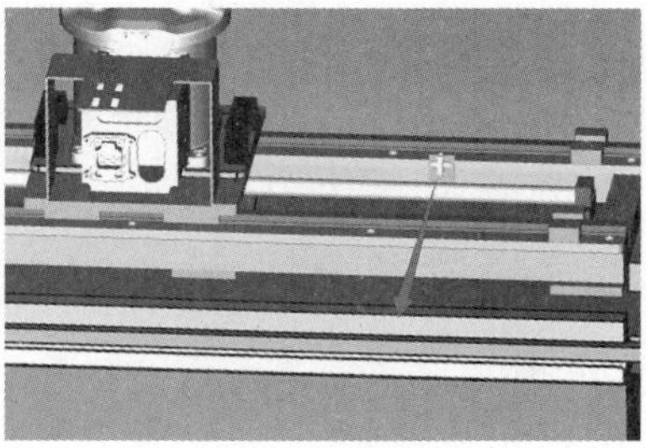
13	关闭三维球（再点击一次三维球 就可以关闭），仓储单元的摆放完成	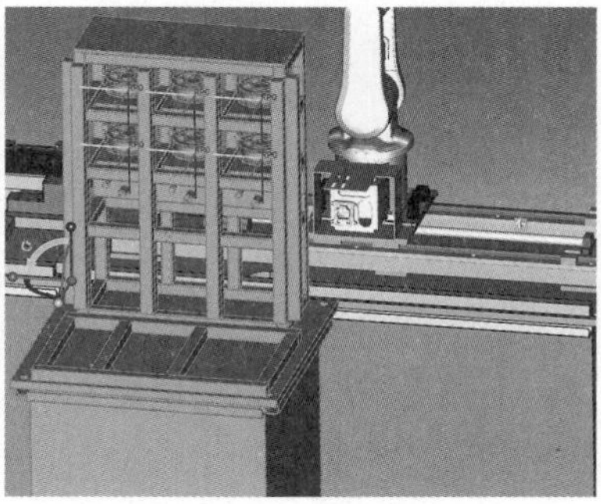

（3）工具单元的摆放。

参考图 5-1 模块化柔性智能制造系统各工作单元的名称和最终摆放位置，工具单元正确摆放位置如图 5-3 所示

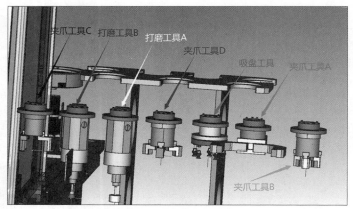

图 5-3   工具单元的摆放

工具单元的摆放操作步骤如表 5-6 所示。

表 5-6   工具单元的摆放操作步骤

序号	步骤	图示
1	选择一个想要放入工具架里的工具放置工具架上。例如，"吸盘"工具，单击选中它	
2	点击"三维球"	

表 5-6（续 1）

序号	步骤	图示
3	按下键盘空格键使三维球进入编辑状态	
4	右击三维球中心点，选择"到中心点"	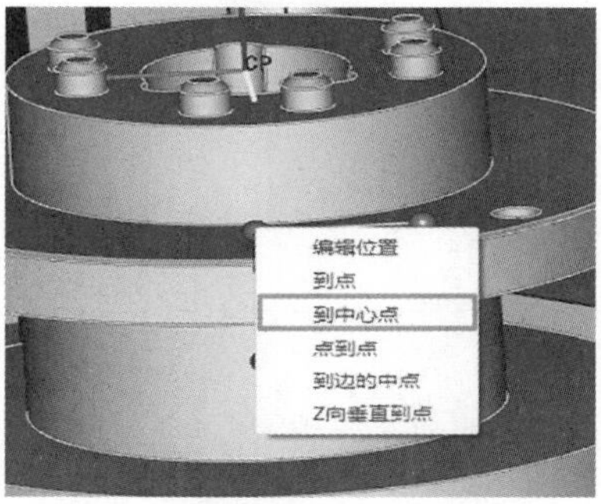
5	选择图中"吸盘"被选中的位置	
6	选择完后重新按下空格键使三维球恢复原状	

表 5-6（续 2）

序号	步骤	图示
7	右击三维球中心点，选择"到中心点"	
8	选择箭头所指工具架的位置	
9	吸盘自动移至 3 号工具架	

按照"吸盘"工具的摆放方法，摆放其他工具到工具台上（无特定的摆放位置）如图 5-4 所示。

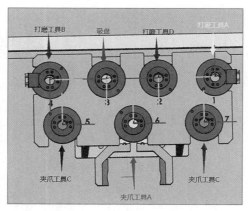

图 5-4　工具摆放工具台上的位置

（4）铣削操作步骤，如表 5-7 所示

表 5-7   铣削操作步骤

序号	步骤	图示
1	装配工具首先右击机器人，选择图中所选的指令	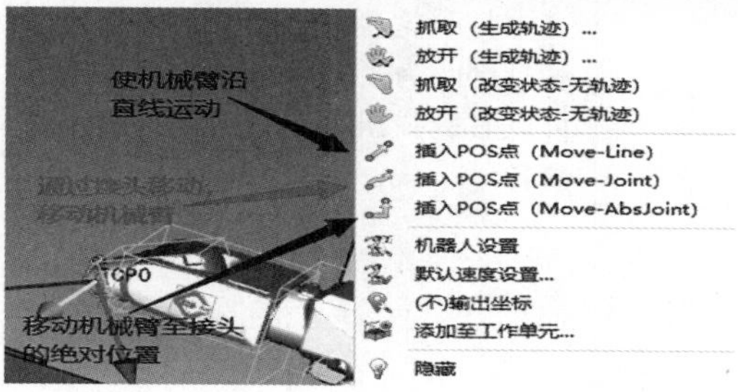
2	选择"插入 POS 点（Move-AbsJoint）"	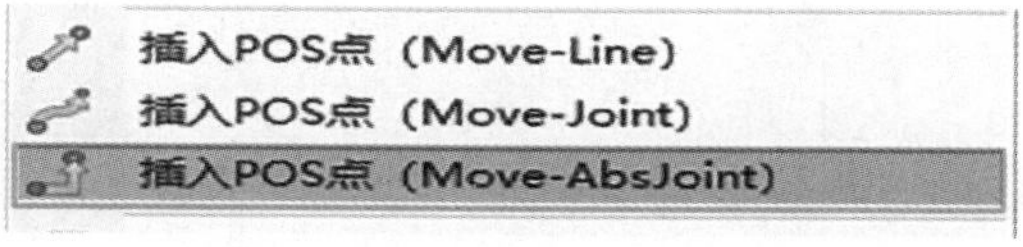
3	点击展开轨迹菜单	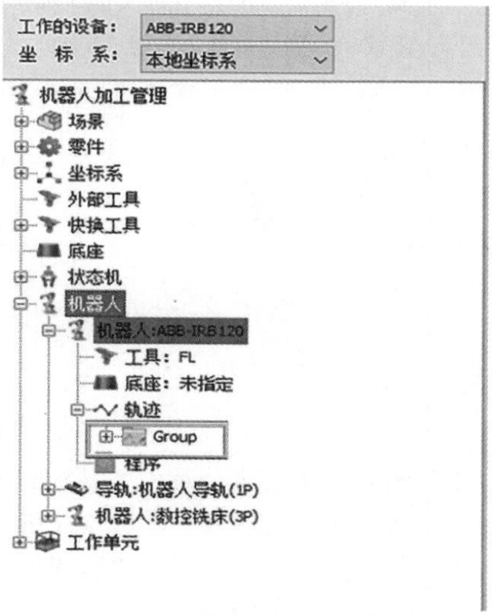
4	点击"Group"旁的"+"符号	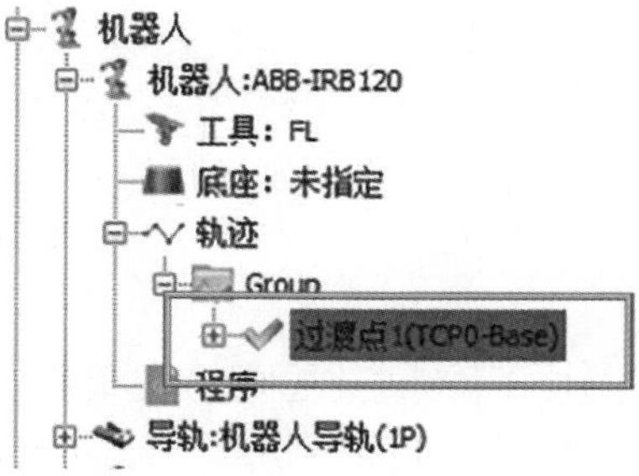

表 5-7（续 1）

序号	步骤	图示
5	其中打磨轮毂的步骤分为铣削和打磨。为了方便分清轨迹，可以右键弹出菜单给轨迹组重命名	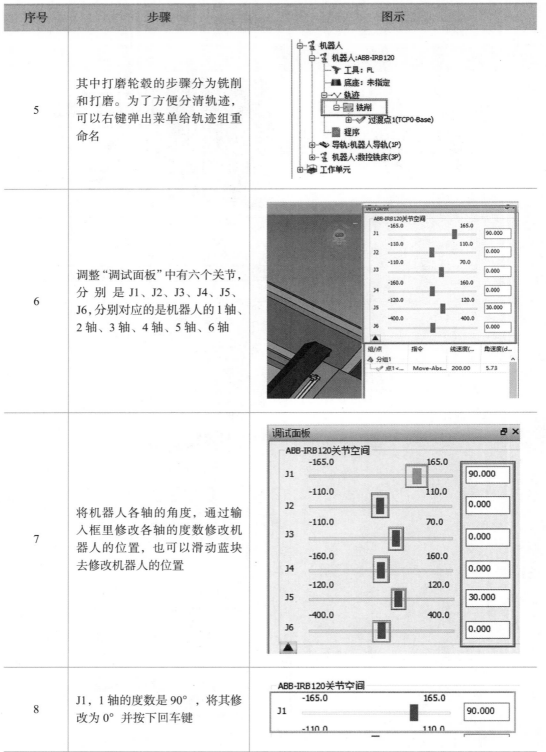
6	调整"调试面板"中有六个关节，分别是J1、J2、J3、J4、J5、J6，分别对应的是机器人的1轴、2轴、3轴、4轴、5轴、6轴	
7	将机器人各轴的角度，通过输入框里修改各轴的度数修改机器人的位置，也可以滑动蓝块去修改机器人的位置	
8	J1，1轴的度数是90°，将其修改为0°并按下回车键	

表 5-7（续 2）

序号	步骤	图示
9	机器人的朝向发生了改变，此时再右击机器人选择"插入 POS 点（Move-Joint）"。	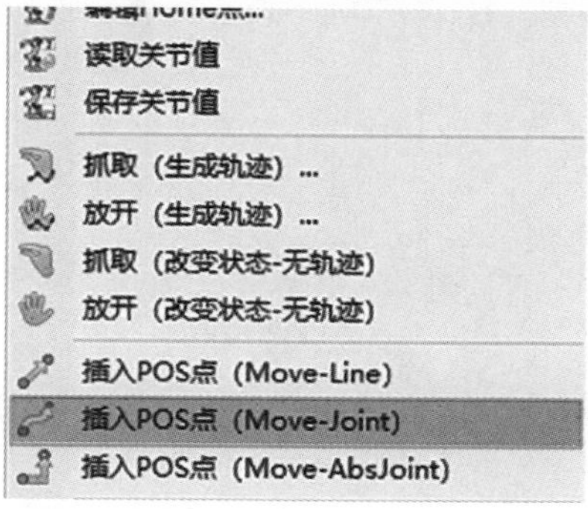
10	此时会生成一条改变机器人方向的轨迹	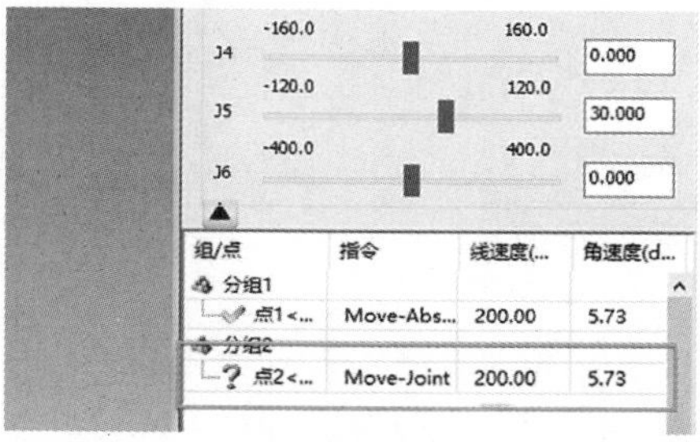
11	继续修改，1 轴度数改为 –90°，再"插入 POS 点（Move-Joint）"	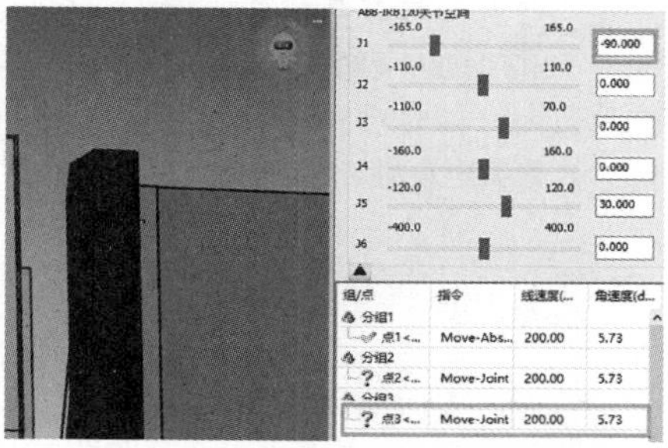
12	右击"吸盘工具"选择"安装（生成轨迹）"	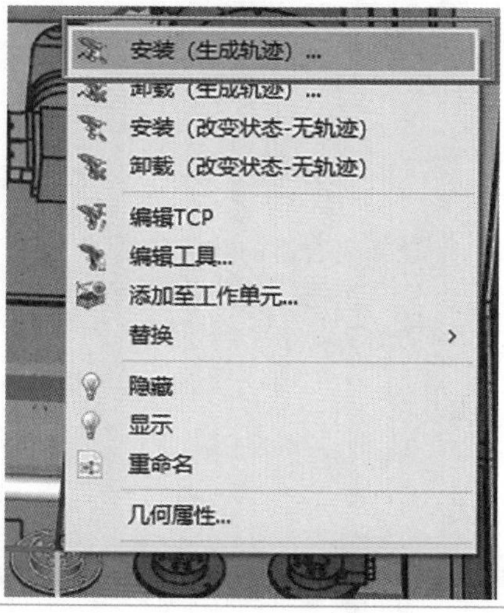

表 5-7（续 3）

序号	步骤	图示
13	出入刀点默认为 300	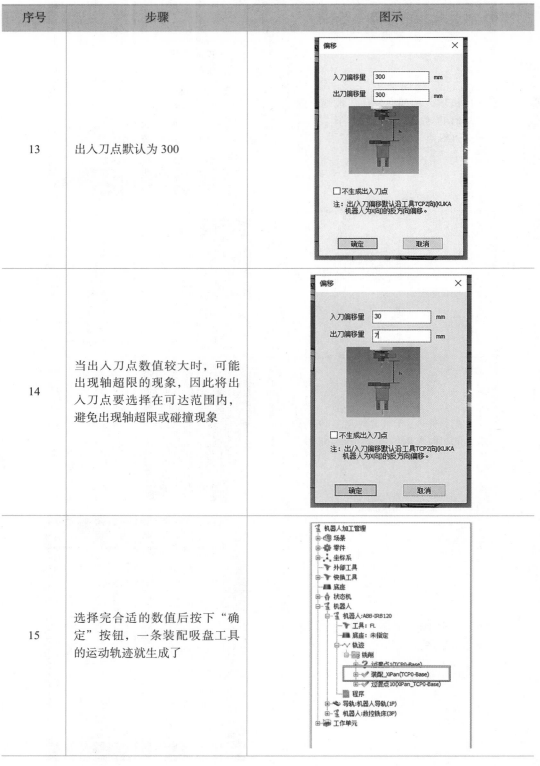
14	当出入刀点数值较大时，可能出现轴超限的现象，因此将出入刀点要选择在可达范围内，避免出现轴超限或碰撞现象	
15	选择完合适的数值后按下"确定"按钮，一条装配吸盘工具的运动轨迹就生成了	

表 5-7（续 4）

序号	步骤	图示
16	单击"装配"右边就会出现相对应的安装轨迹	
17	为了保证机器人安装过程中不发生碰撞，需要把装配轨迹出入刀点的线速度降低到一个合理的速度范围内	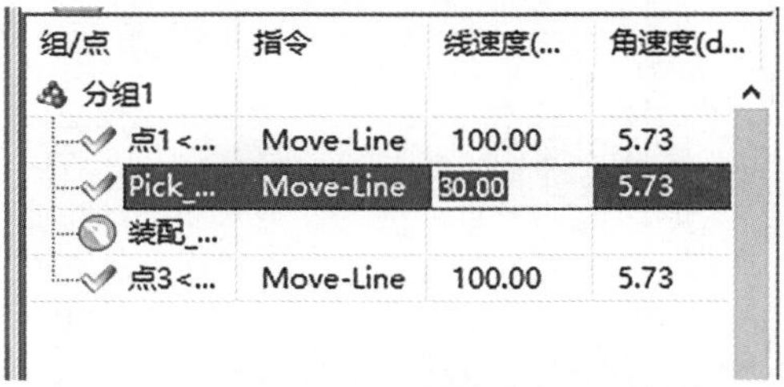
18	单击铣削过渡点 10	
19	选择"编辑点（相对位置）"	

表 5-7（续 5）

序号	步骤	图示
20	拖动 X、Y、Z 轴进行轨迹编辑	
21	拖动 Y 轴到一个合适的地方保存轨迹（可以先拖动 Z 轴提起，再拖动 Y 轴修改位置，可以防止碰撞）	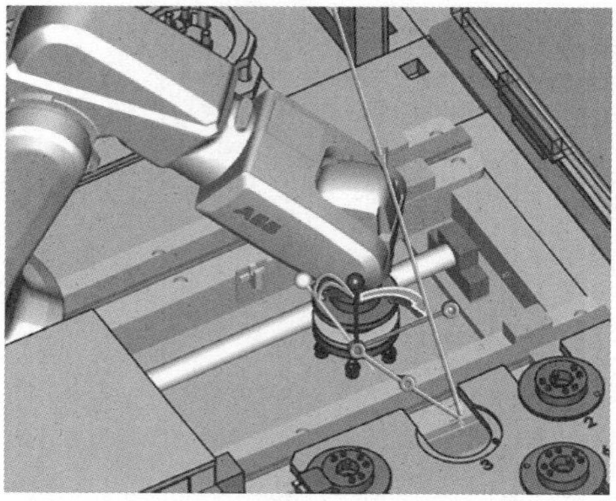
22	拖动完后这条轨迹的点从工具架被移动到了平移的点，接下来关闭三维球，让机器人回到原始点。关闭三维球后右击机器人，选择"插入 POS 点（Move-Line）"	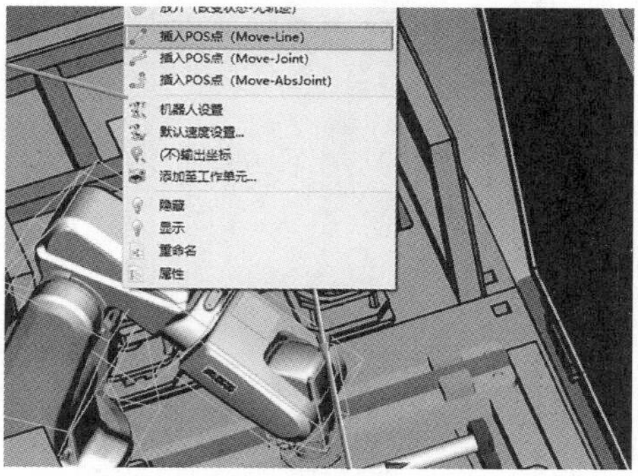
23	在新建的 POS 点右击选中"编辑点（相对位置）"	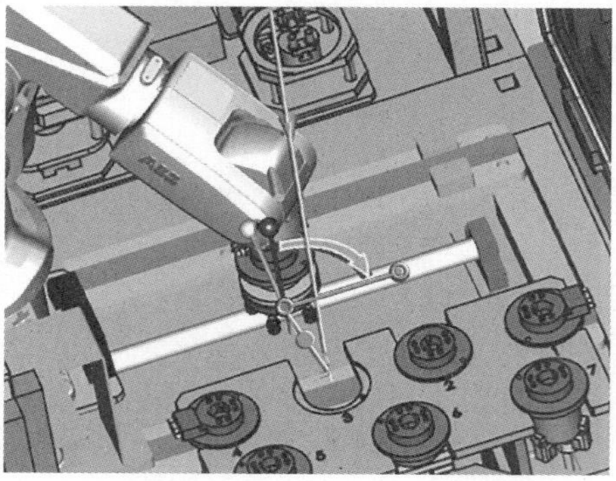

表 5-7（续 6）

序号	步骤	图示
24	移动 Z 轴进行向上平移	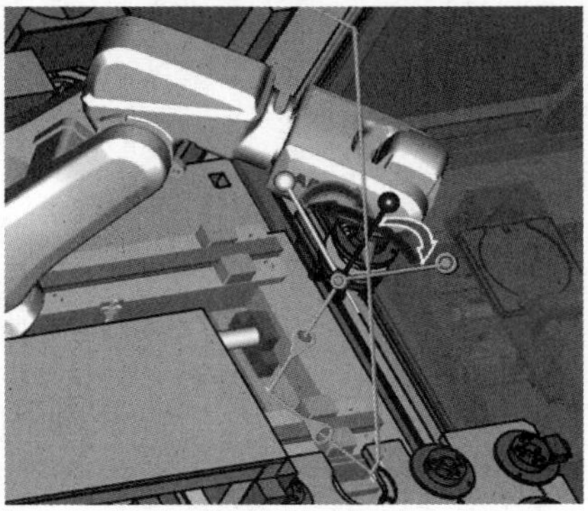
25	关闭三维球后把 1 轴的度数改为 0°再"插入 POS 点（Move-Line）"。机器人拾取吸盘工具步骤结束	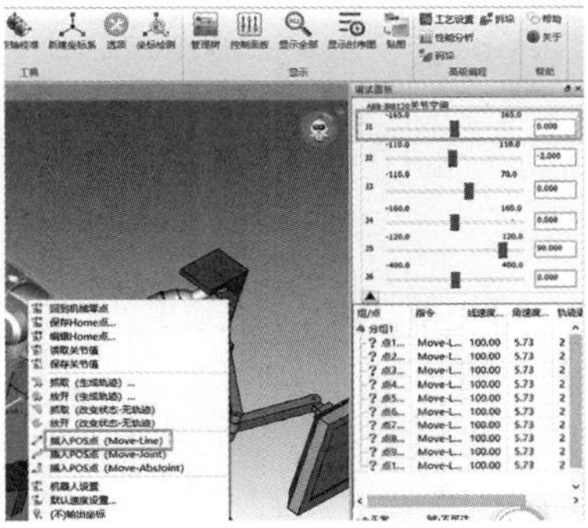

（5）仓储单元伸出轮毂和吸盘吸取轮毂操作步骤如表 5-8 所示。

表 5-8　仓储单元伸出轮毂和吸盘吸取轮毂操作步骤

序号	步骤	图示
1	在新建的 POS 点右击弹出菜单选择"添加仿真事件"	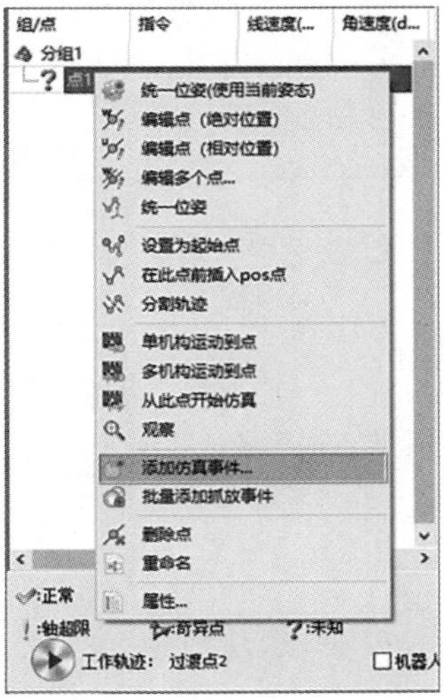

表 5-8（续 1）

序号	步骤	图示
2	"执行设备"选择"仓储 - 托盘 1"	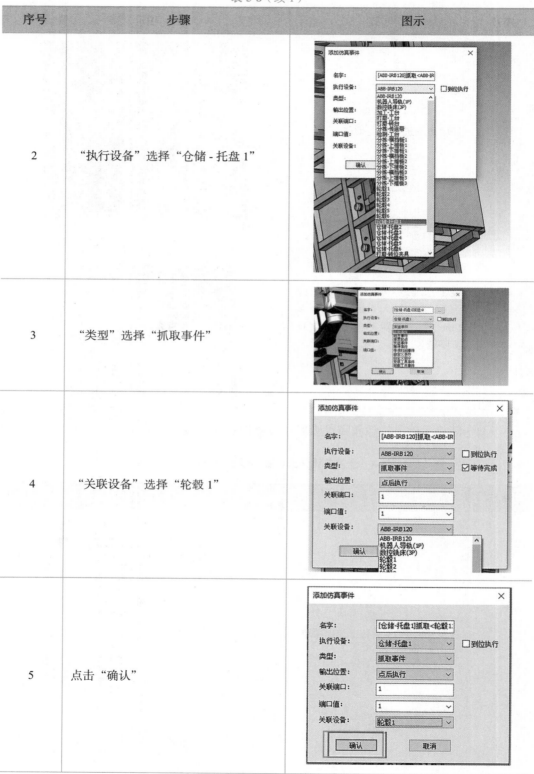
3	"类型"选择"抓取事件"	
4	"关联设备"选择"轮毂 1"	
5	点击"确认"	

表 5-8（续 2）

序号	步骤	图示
6	托盘抓取轮毂事件创建完成	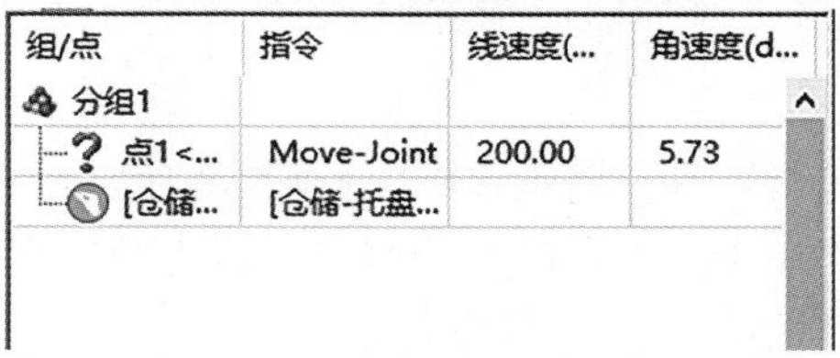
7	在刚刚建立的 POS 点右击弹出菜单选择"添加仿真事件"	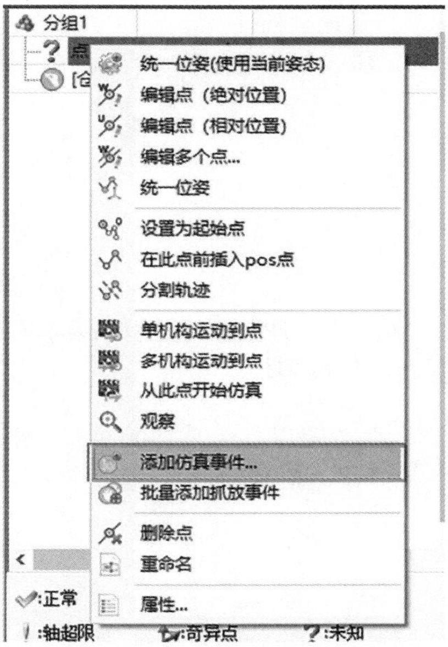
8	执行设备选择"仓储 - 托盘 1"，类型选择"自定义事件"模块，名字选择"仓储 - 托盘 1：伸出"	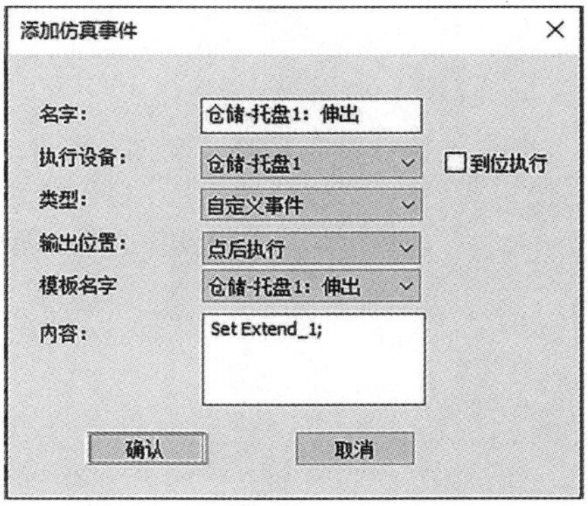
9	点击"确认"创建托盘 1 伸出事件	

表 5-8（续 3）

序号	步骤	图示
10	创建完托盘 1 伸出事件后右击机器人弹出菜单选择"插入 POS 点（Move-AbsJoint）"。	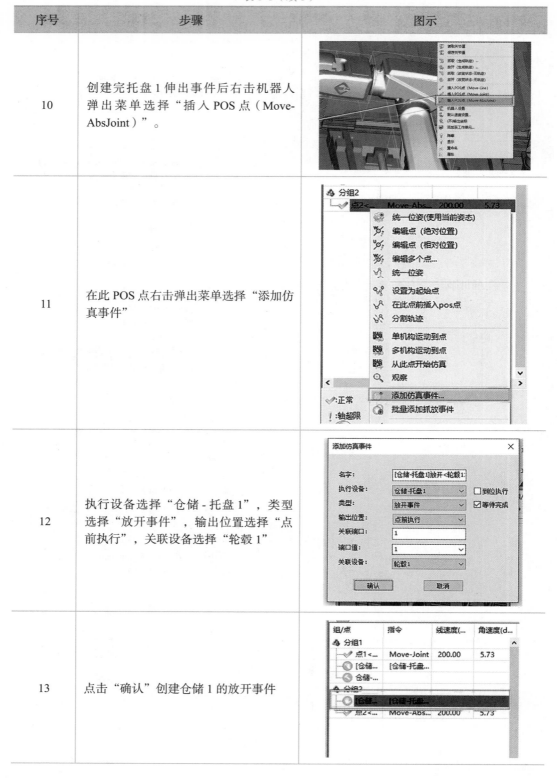
11	在此 POS 点右击弹出菜单选择"添加仿真事件"	
12	执行设备选择"仓储 - 托盘 1"，类型选择"放开事件"，输出位置选择"点前执行"，关联设备选择"轮毂 1"	
13	点击"确认"创建仓储 1 的放开事件	

表 5-8（续 4）

序号	步骤	图示
14	创建完仓储 1 的放开事件后点击"吸盘"打开三维球	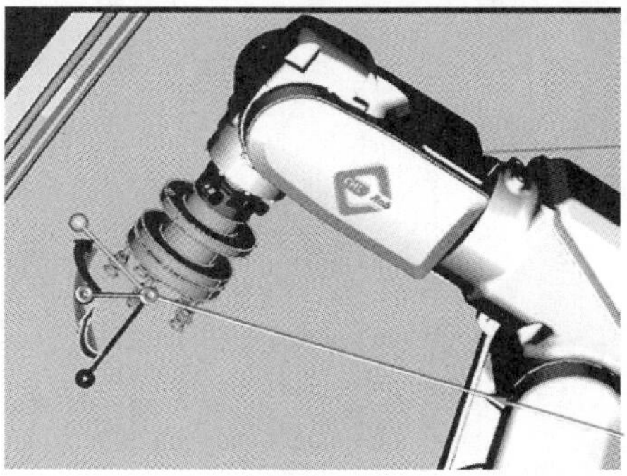
15	右击三维球中心点选择"到中心点"	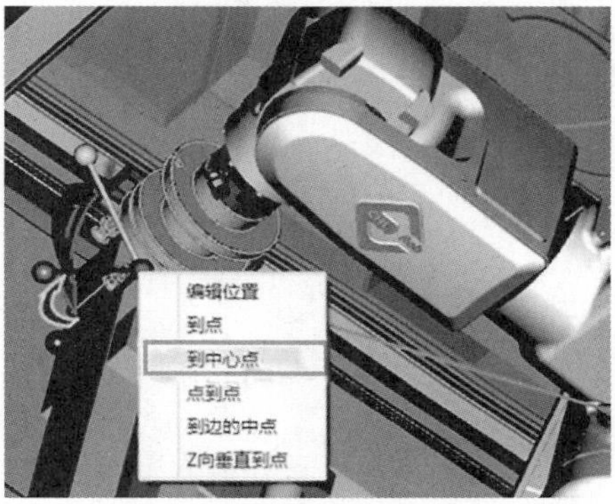
16	选择图中所示的绿色圆环	
17	机器人移动到了轮毂 1 的上方	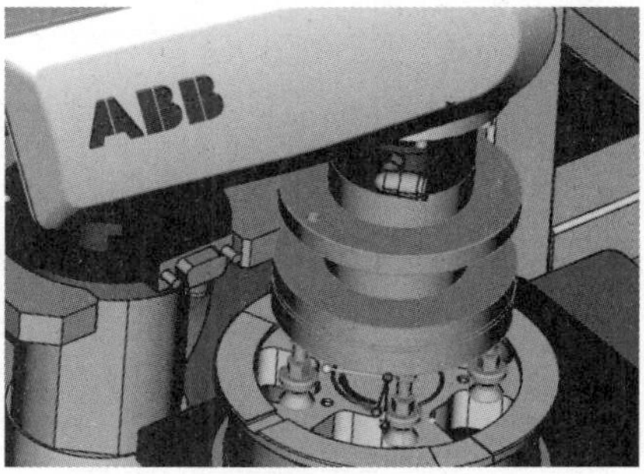

表 5-8（续 5）

序号	步骤	图示
18	按下空格键，使三维球进入编辑模式	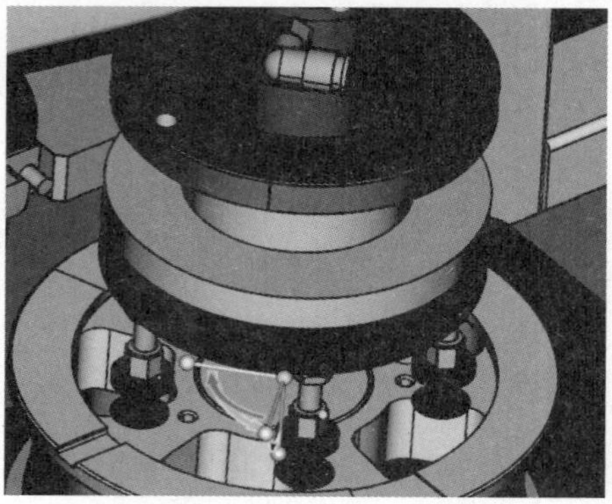
19	单击 Z 轴使 Z 轴固定	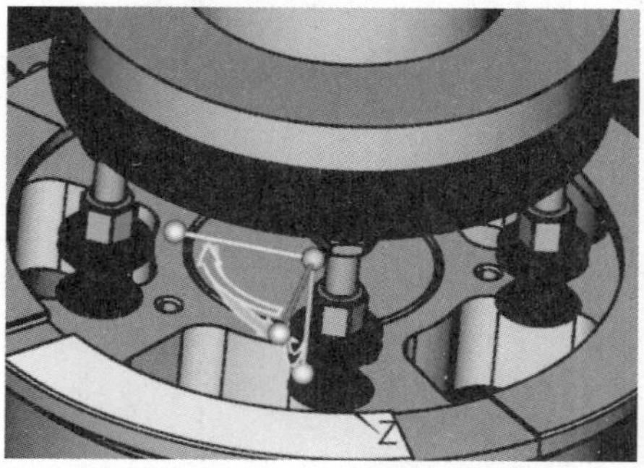
20	随意选择另外两个轴中的一个轴右击弹出菜单选择"到中心点"	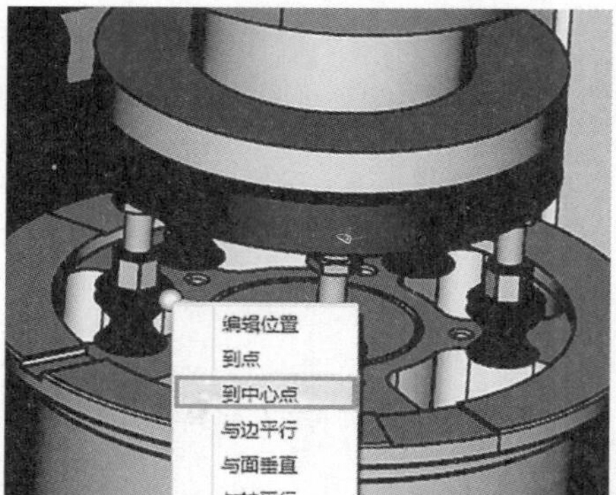
21	鼠标左键单击图中箭头所示的气嘴部位	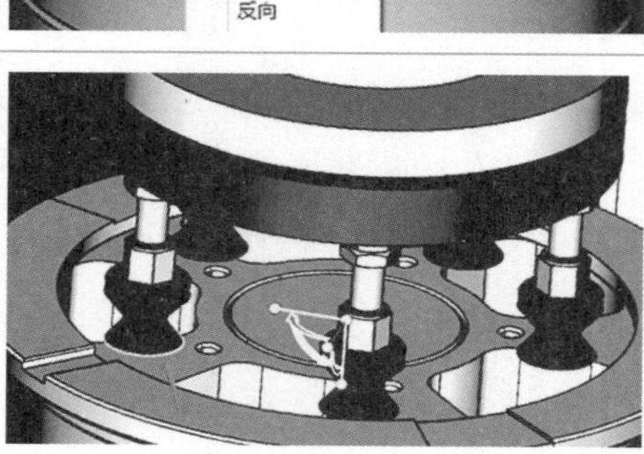

表 5-8（续 6）

序号	步骤	图示
22	单击气嘴后三维球会改变方向	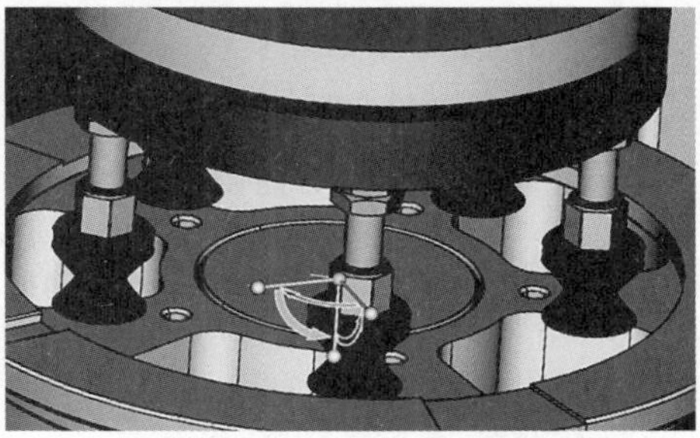
23	再次按下空格键让三维球恢复原状，恢复原状后单击 Z 轴，固定 Z 轴	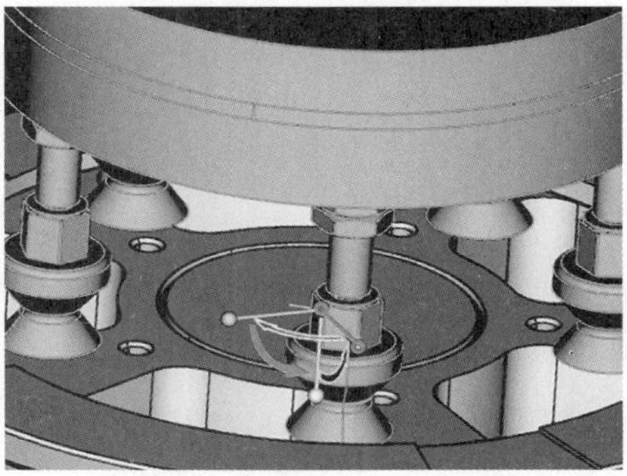
24	随意选择另外两个轴中的一个轴右击弹出菜单选择"到中心点"	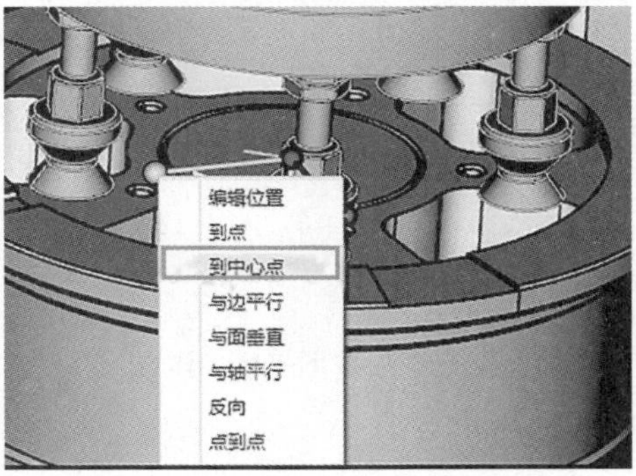
25	点击对准图中箭头指示的孔	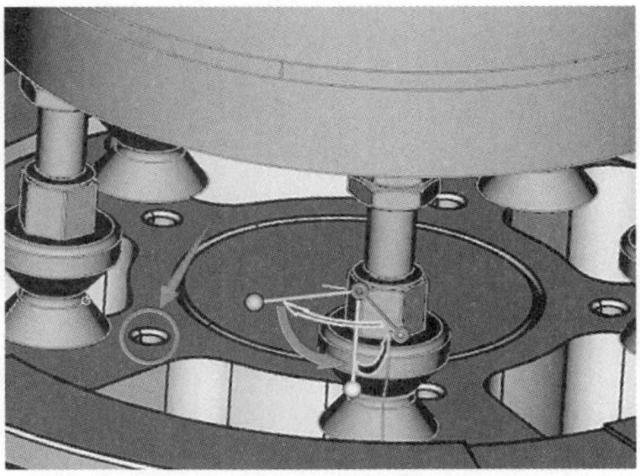

表 5-8（续 7）

序号	步骤	图示
26	吸盘头就全部能吸到轮毂的部位了。（如果一次没对准成功则再次运用同样的方法对准一次，直到吸盘头对准轮毂）	
27	关闭三维球，右击吸盘工具选择"抓取（生成轨迹）"	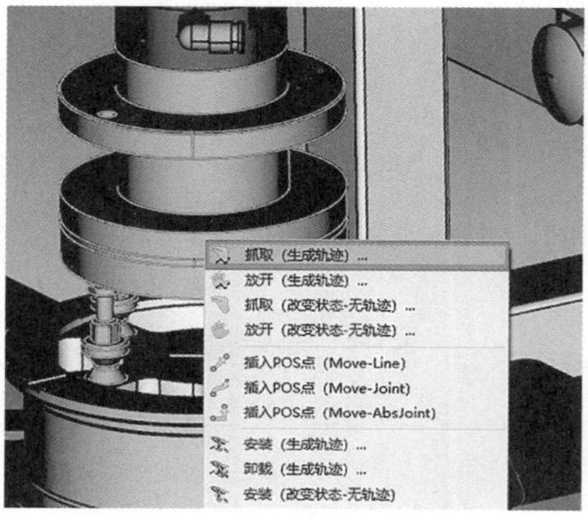
28	选择后按图进行操作	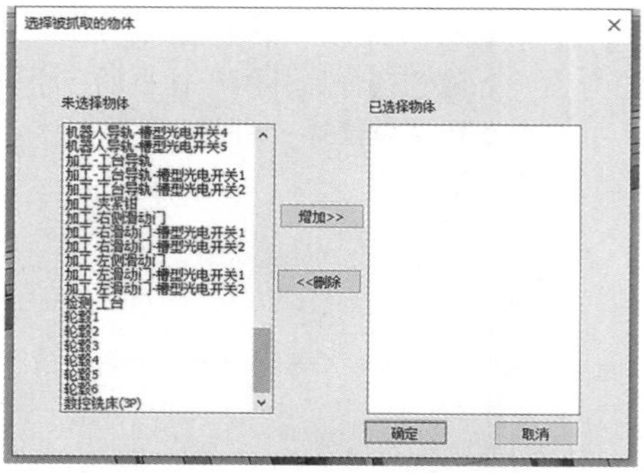
29	确认后会出现出入刀点的设置，设置到可达范围内	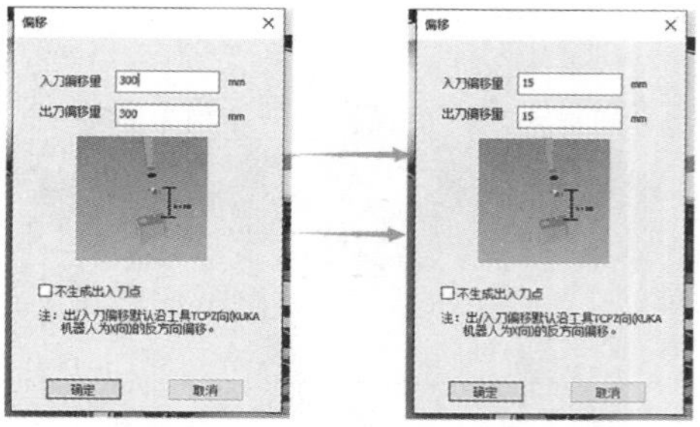

表 5-8（续 8）

序号	步骤	图示
30	点击确认生成出入刀点，为了避免碰撞，把抓取点前后两点线速度都改成"30"。仓储单元伸出轮毂和吸盘吸取轮毂步骤完成	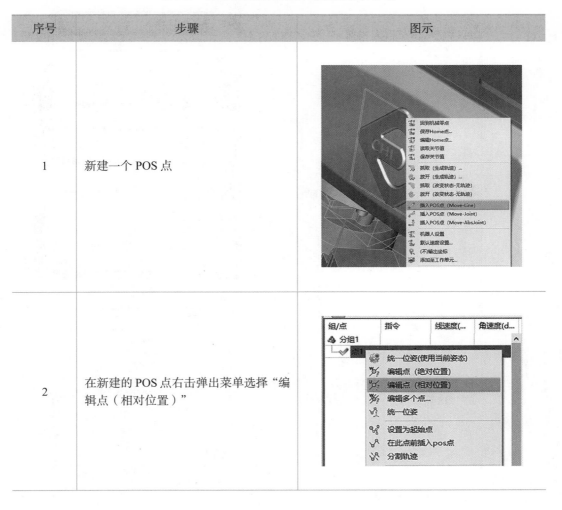

（6）仓储单元托盘缩回和铣床柜打开步骤如表 5-9 所示。

表 5-9　仓储单元托盘缩回和铣床柜打开步骤

序号	步骤	图示
1	新建一个 POS 点	
2	在新建的 POS 点右击弹出菜单选择"编辑点（相对位置）"	

表 5-9（续 1）

序号	步骤	图示
3	三维球 X 轴倾斜，如果直接拖出来会有较大偏移，右击三维球中心点选择"编辑位置"	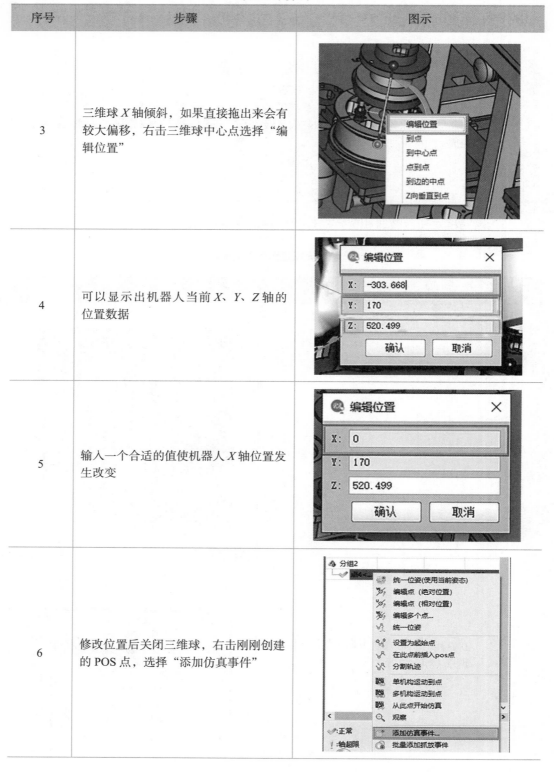
4	可以显示出机器人当前 X、Y、Z 轴的位置数据	
5	输入一个合适的值使机器人 X 轴位置发生改变	
6	修改位置后关闭三维球，右击刚刚创建的 POS 点，选择"添加仿真事件"	

表 5-9（续 2）

序号	步骤	图示
7	执行设备选择"仓储 - 托盘 1"类型选择"自定义事件"，模块名字选择"仓储 - 托盘 1：缩回"	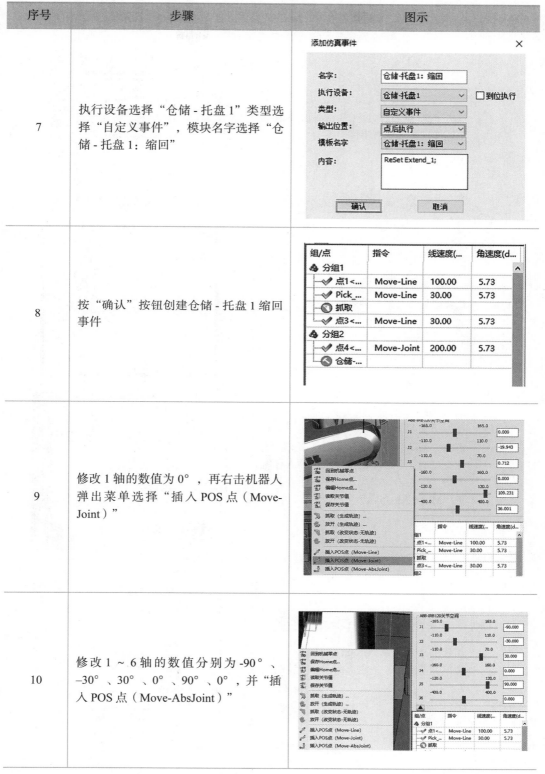
8	按"确认"按钮创建仓储 - 托盘 1 缩回事件	
9	修改 1 轴的数值为 0°，再右击机器人弹出菜单选择"插入 POS 点（Move-Joint）"	
10	修改 1 ~ 6 轴的数值分别为 -90°、–30°、30°、0°、90°、0°，并"插入 POS 点（Move-AbsJoint）"	

表 5-9（续 3）

序号	步骤	图示
11	插入 POS 点后在此 POS 点右击弹出菜单选择"添加仿真事件"	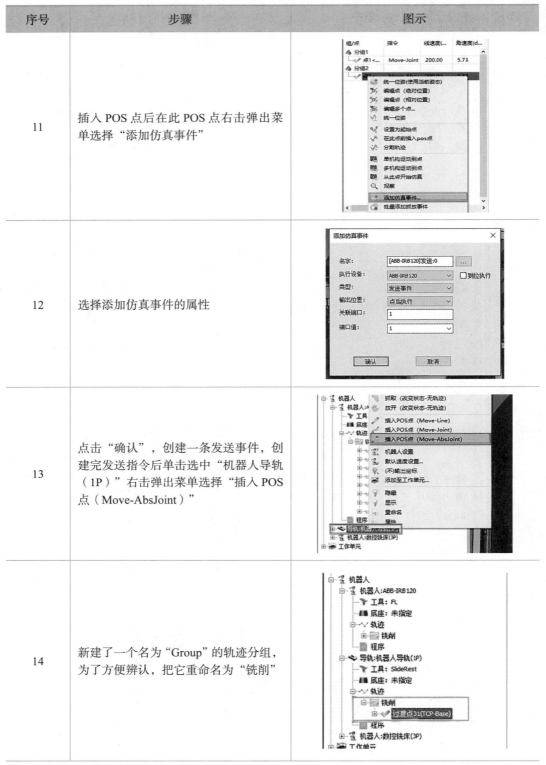
12	选择添加仿真事件的属性	
13	点击"确认"，创建一条发送事件，创建完发送指令后单击选中"机器人导轨（1P）"右击弹出菜单选择"插入 POS 点（Move-AbsJoint）"	
14	新建了一个名为"Group"的轨迹分组，为了方便辨认，把它重命名为"铣削"	

表 5-9（续 4）

序号	步骤	图示
15	单击"机器人导轨（1P）关节空间"里的输入框的数值并修改为"340"（机器人导轨（1P）关节空间输入 340 是正好可以让机器人把轮毂放入铣床柜）	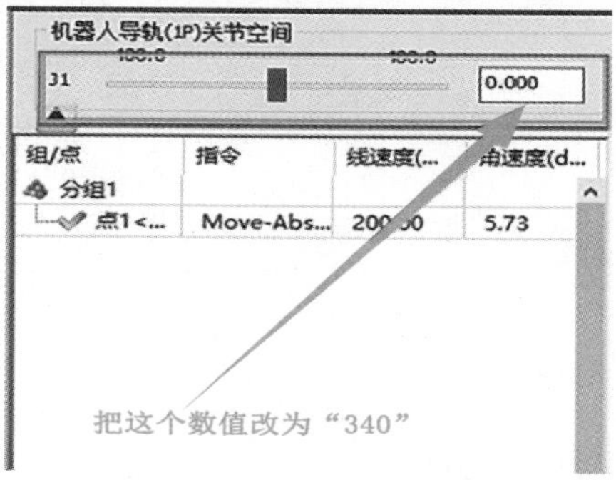 把这个数值改为"340"
16	先按下"机器人导轨（1P）"再点击"新建轨迹"	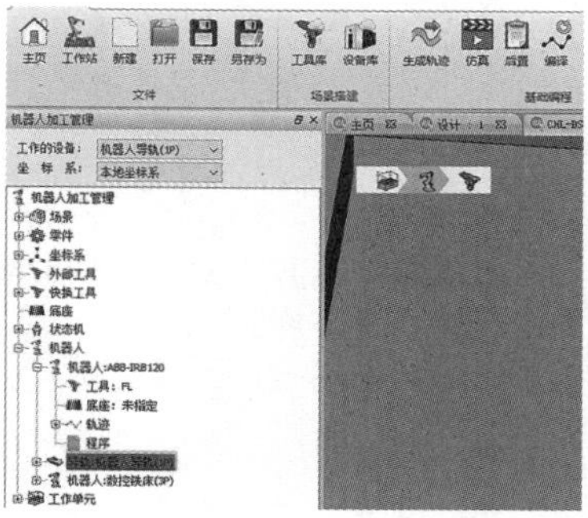
17	右击"机器人导轨（1P）"选中"插入 POS 点（Move-AbsJoint）"	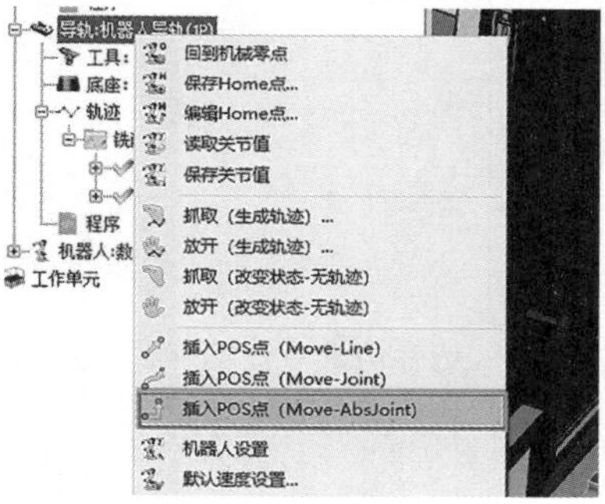
18	在新建的 POS 点右击弹出菜单选择"添加仿真事件"	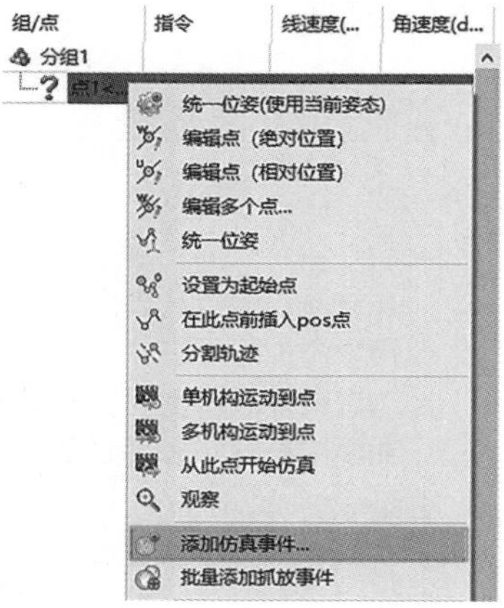

表 5-9（续 5）

序号	步骤	图示
19	选择仿真事件的内容，并点击确认创建一条等待机器人发送过来的事件（等待事件的意思就是接收到了之前创建的机器人或者其他单元发送事件就会往下执行指令）	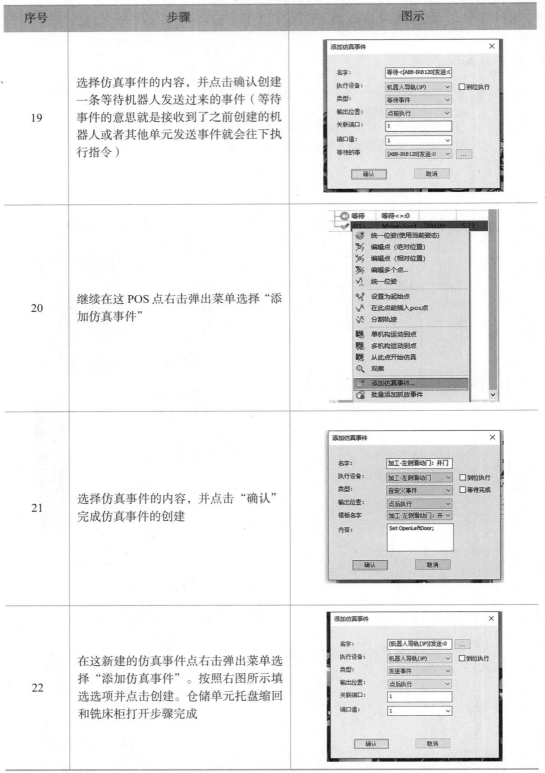
20	继续在这 POS 点右击弹出菜单选择"添加仿真事件"	
21	选择仿真事件的内容，并点击"确认"完成仿真事件的创建	
22	在这新建的仿真事件点右击弹出菜单选择"添加仿真事件"。按照右图所示填选选项并点击创建。仓储单元托盘缩回和铣床柜打开步骤完成	

（7）机器人把轮毂放入到铣床柜洗刷步骤如表 5-10 所示。

表 5-10　机器人把轮毂放入到铣床柜洗刷步骤

序号	步骤	图示
1	点击机器人轨迹的铣削分组的"过渡点 18"	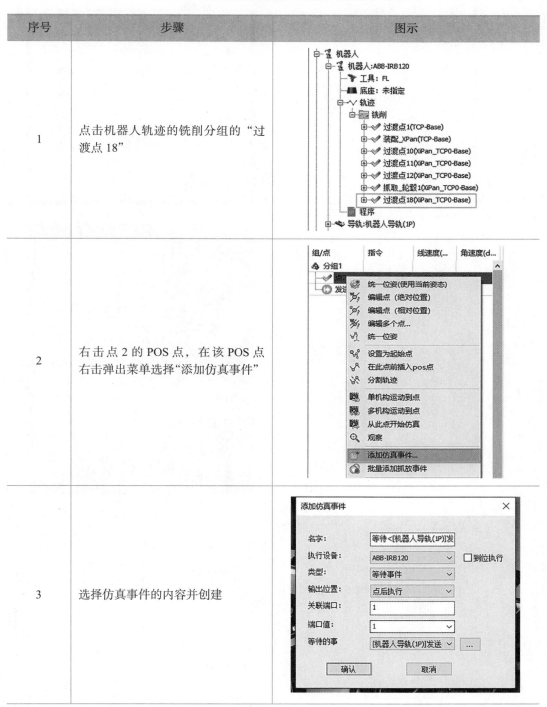
2	右击点 2 的 POS 点，在该 POS 点右击弹出菜单选择"添加仿真事件"	
3	选择仿真事件的内容并创建	

表 5-10（续 1）

序号	步骤	图示
4	在刚刚的点 2 POS 点右击弹出菜单选择"添加仿真事件"并创建	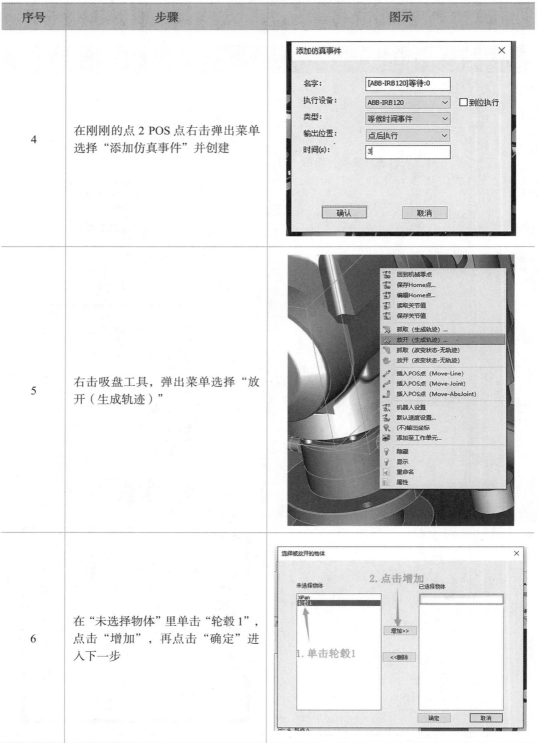
5	右击吸盘工具，弹出菜单选择"放开（生成轨迹）"	
6	在"未选择物体"里单击"轮毂 1"，点击"增加"，再点击"确定"进入下一步	

表 5-10（续 2）

序号	步骤	图示
7	可选择的位置选择"加工 - 工台"，承接位置选择"RP"，点击"增加"，最后点击"确定"生成一条机器人放开轮毂的轨迹	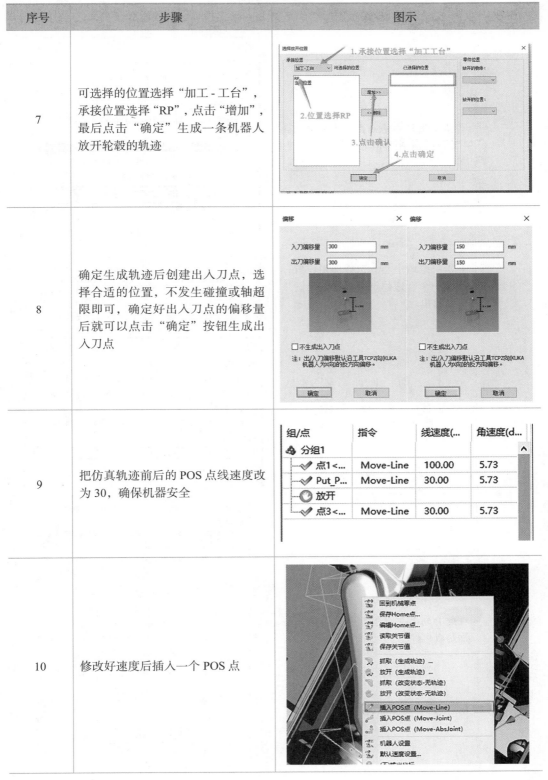
8	确定生成轨迹后创建出入刀点，选择合适的位置，不发生碰撞或轴超限即可，确定好出入刀点的偏移量后就可以点击"确定"按钮生成出入刀点	
9	把仿真轨迹前后的 POS 点线速度改为 30，确保机器安全	
10	修改好速度后插入一个 POS 点	

表 5-10（续 3）

序号	步骤	图示
11	在新建的 POS 点右击弹出菜单选择"编辑点（相对位置）"	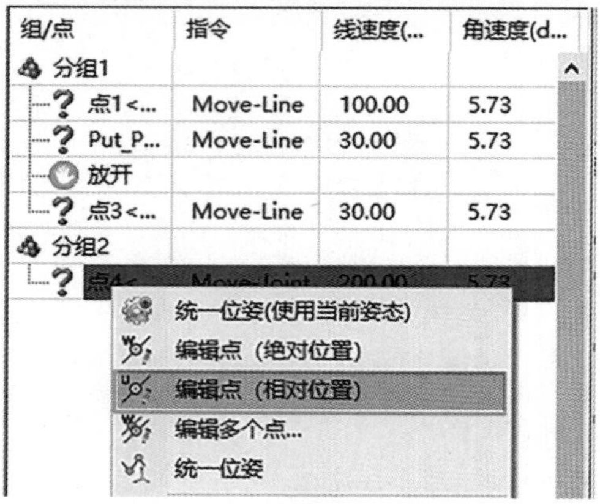
12	右击三维球中心点选择编辑位置，修改一个合适的点使机器人从铣床柜里移出	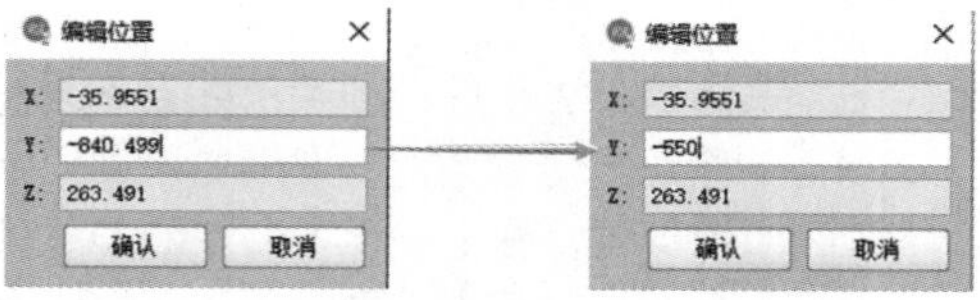
13	选择好值后点击"确认"即可	
14	在此 POS 点右击弹出菜单选择"添加仿真事件"	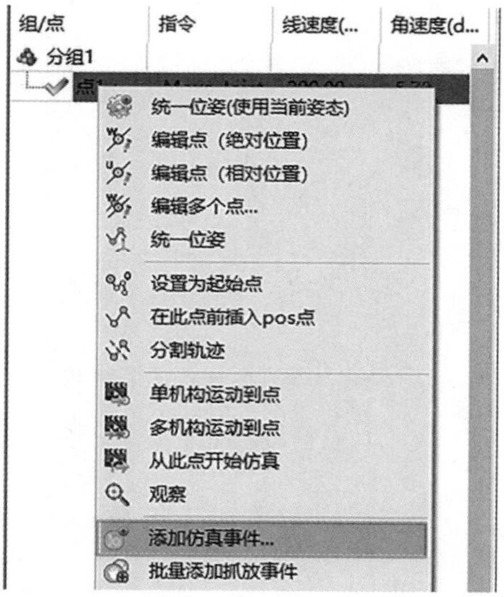

表 5-10（续 4）

序号	步骤	图示
15	选择仿真事件的内容，并点击"确认"完成仿真事件的创建	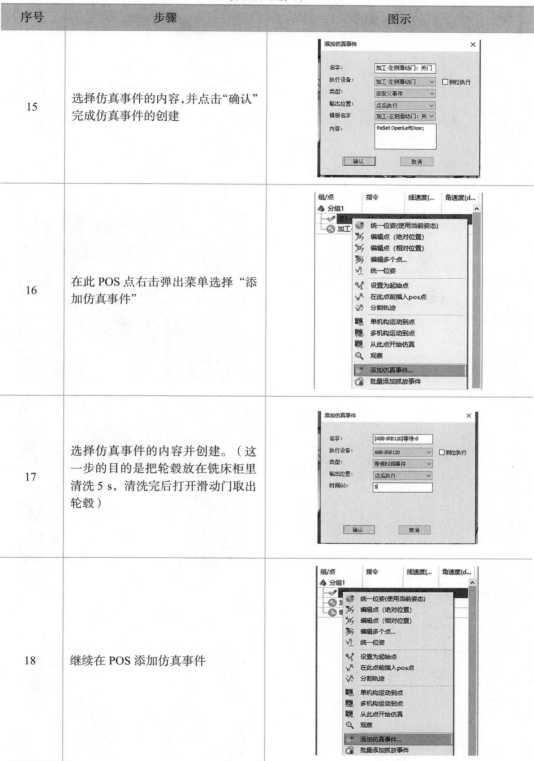
16	在此 POS 点右击弹出菜单选择"添加仿真事件"	
17	选择仿真事件的内容并创建。（这一步的目的是把轮毂放在铣床柜里清洗 5 s，清洗完后打开滑动门取出轮毂）	
18	继续在 POS 添加仿真事件	

表 5-10（续 5）

序号	步骤	图示
19	选择仿真事件的内容并创建	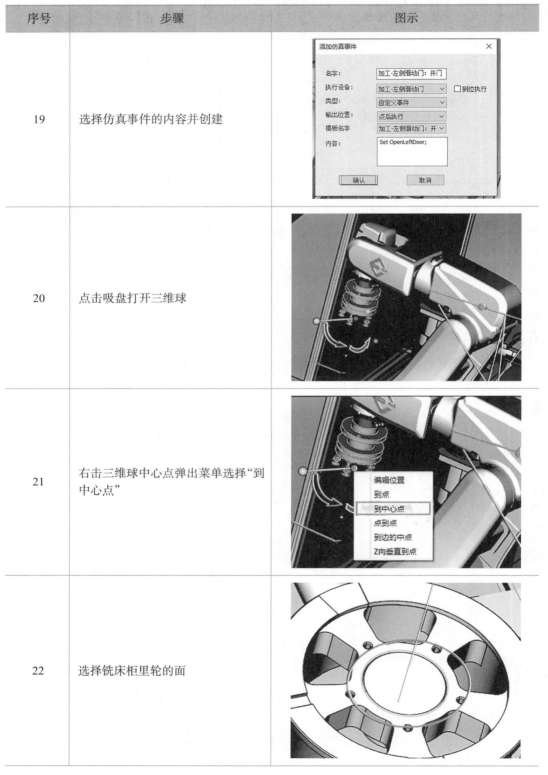
20	点击吸盘打开三维球	
21	右击三维球中心点弹出菜单选择"到中心点"	
22	选择铣床柜里轮的面	

表 5-10（续 6）

序号	步骤	图示
23	吸盘移动到轮毂上方	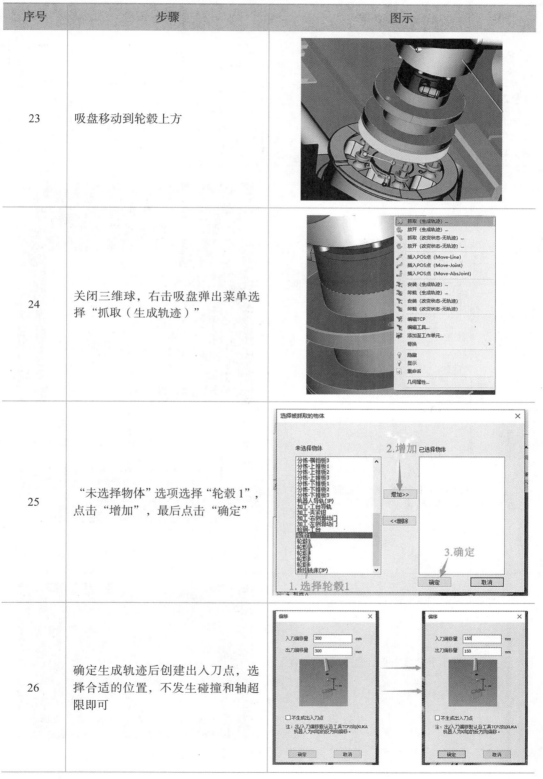
24	关闭三维球，右击吸盘弹出菜单选择"抓取（生成轨迹）"	
25	"未选择物体"选项选择"轮毂1"，点击"增加"，最后点击"确定"	
26	确定生成轨迹后创建出入刀点，选择合适的位置，不发生碰撞和轴超限即可	

表 5-10（续 7）

序号	步骤	图示
27	为了避免碰撞，把抓取点前后两点线速度都改成"30"	
28	右击机器人弹出菜单选择"插入POS点（Move-Line）"	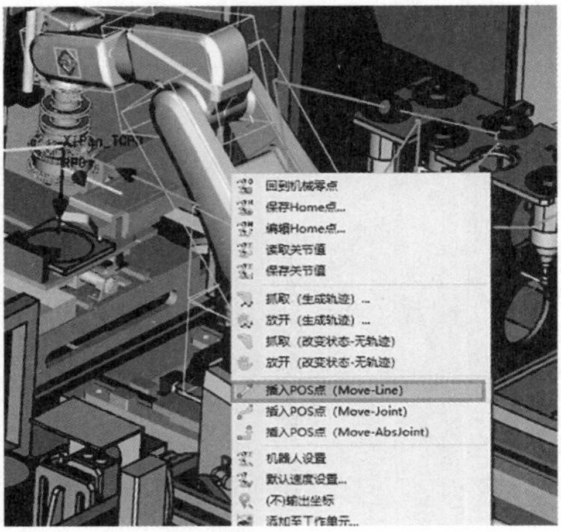
29	在新建的 POS 点右击选择"编辑点（相对位置）"	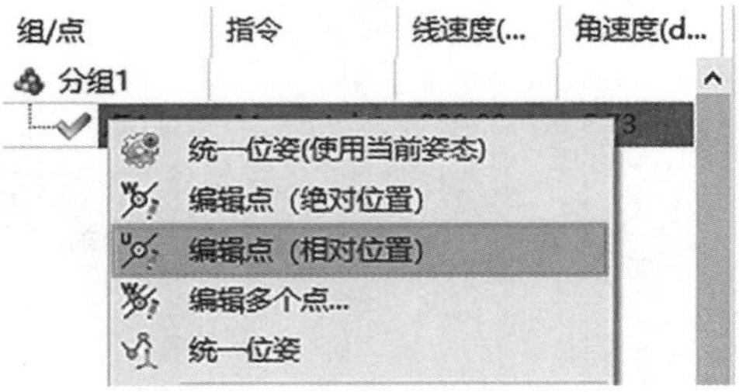
30	右击三维球中心点选择"编辑位置"	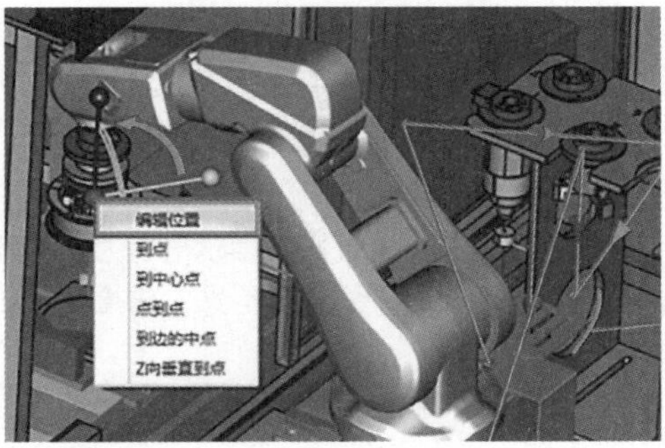

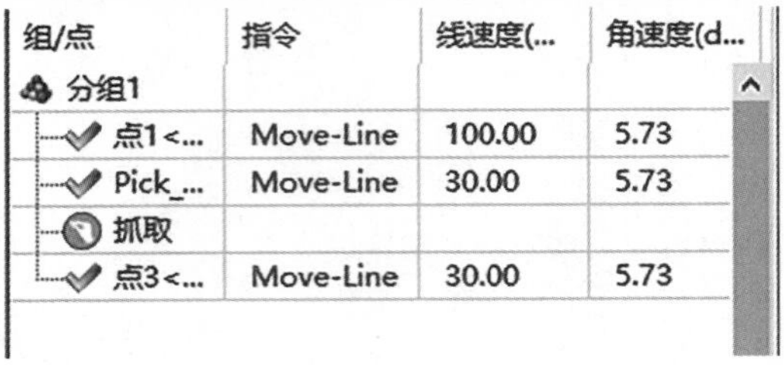

表 5-10（续 8）

序号	步骤	图示
31	修改一个合适的点使机器人从铣床柜里移出	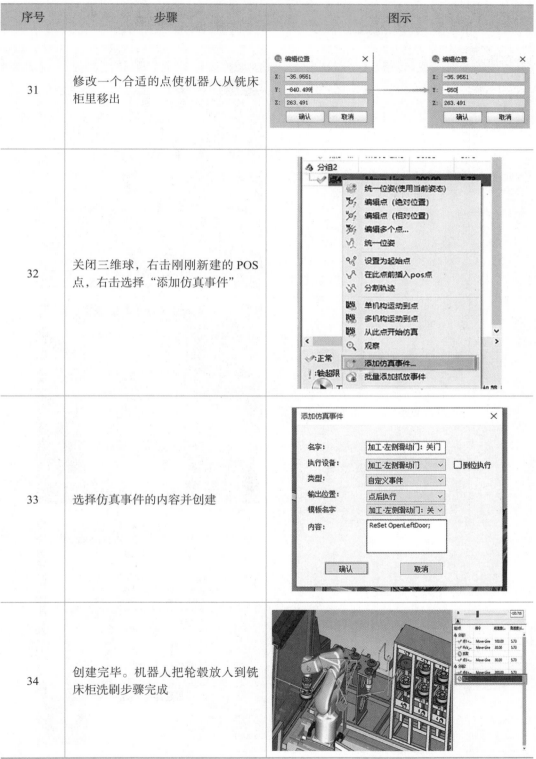
32	关闭三维球，右击刚刚新建的 POS 点，右击选择"添加仿真事件"	
33	选择仿真事件的内容并创建	
34	创建完毕。机器人把轮毂放入到铣床柜洗刷步骤完成	

（8）放吸盘步骤如表 5-11 所示。

表 5-11　放吸盘步骤

序号	步骤	图示
1	把"调试面板"的各轴角度设置为右图的角度	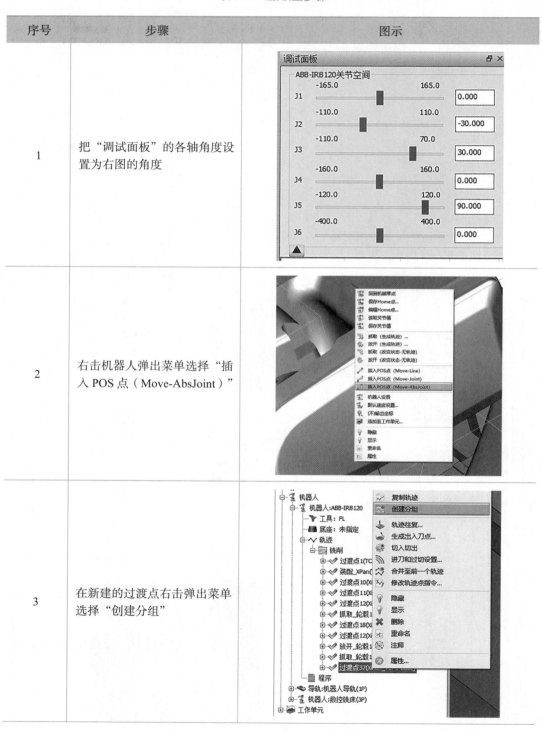
2	右击机器人弹出菜单选择"插入 POS 点（Move-AbsJoint）"	
3	在新建的过渡点右击弹出菜单选择"创建分组"	

表 5-11（续 1）

序号	步骤	图示
4	把名称改为"打磨"后，点击"确定"	
5	右击机器人弹出菜单选择插入"放开（生成轨迹）"	
6	"未选择物体"选择"轮毂 1"，点击增加后，再点击"确定"	
7	"可选择的位置"选择"打磨-工台"，"承接位置"选择"RP"，点击"增加"后，再点击"确定"	

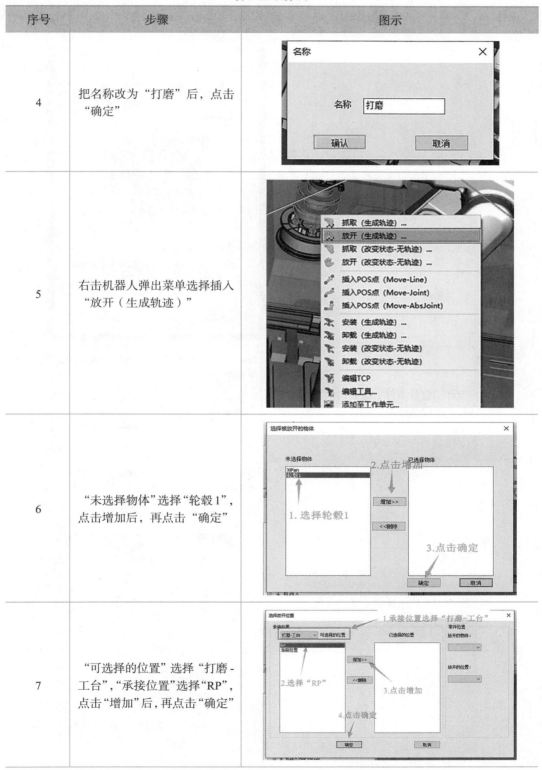

表 5-11（续 2）

序号	步骤	图示
8	出入刀点选择合适的数值，并确定生成出入刀点	
9	修改"放开事件"前后两个轨迹点的线速度	
10	在出刀点轨迹添加一条"发送事件"	

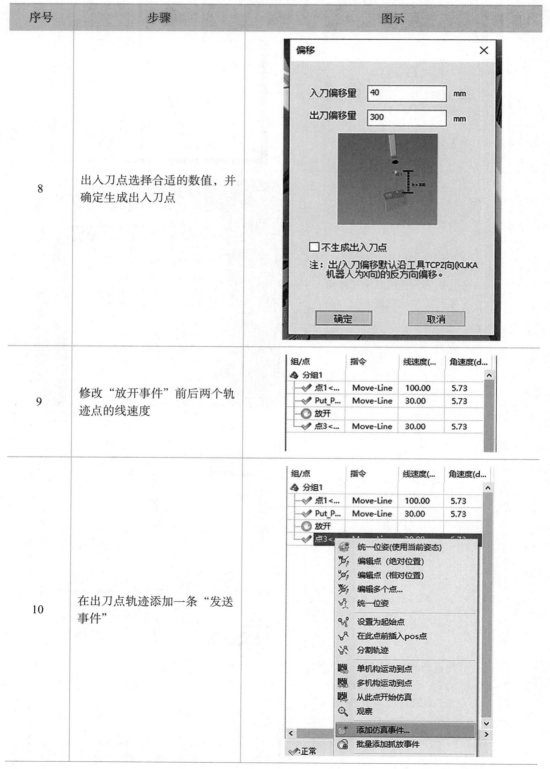

表 5-11（续 3）

序号	步骤	图示
11	添加仿真事件的内容并确认创建	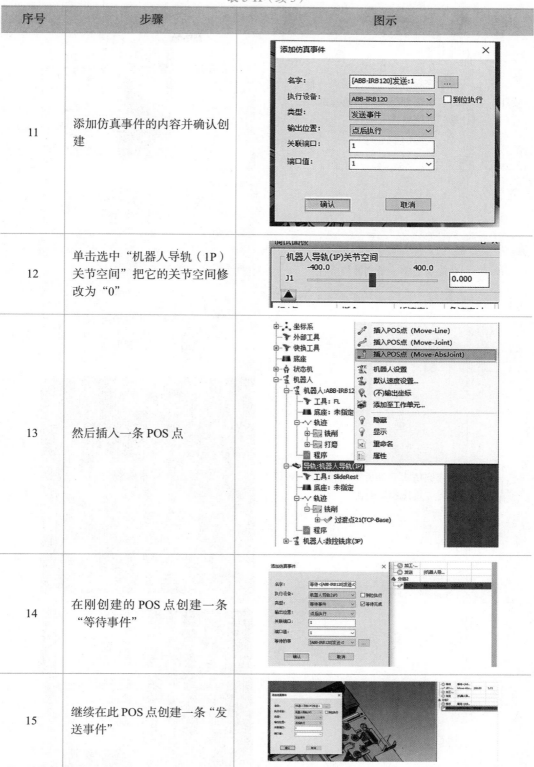
12	单击选中"机器人导轨（1P）关节空间"把它的关节空间修改为"0"	
13	然后插入一条 POS 点	
14	在刚创建的 POS 点创建一条"等待事件"	
15	继续在此 POS 点创建一条"发送事件"	

表 5-11（续 4）

序号	步骤	图示
16	添加完后再返回到机器人"打磨"轨迹分组选择轨迹添加一条"等待事件"	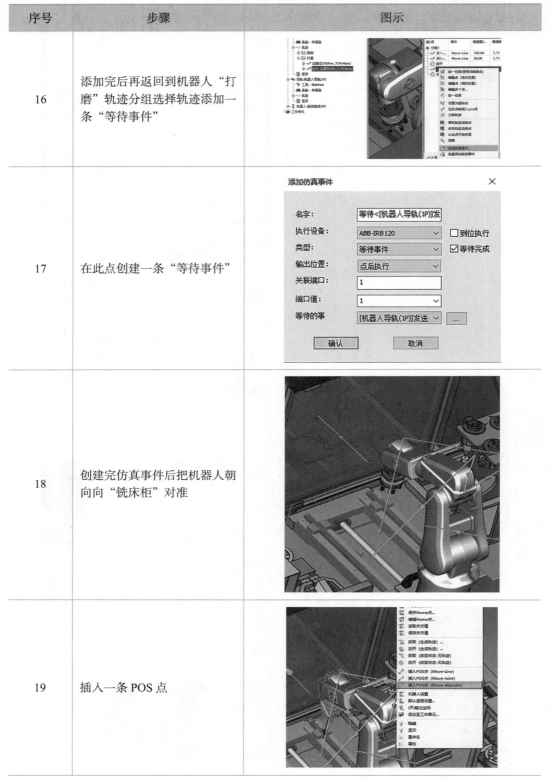
17	在此点创建一条"等待事件"	
18	创建完仿真事件后把机器人朝向向"铣床柜"对准	
19	插入一条 POS 点	

表 5-11（续 5）

序号	步骤	图示
20	插入完 POS 点后点击吸盘工具打开三维球并按下空格使三维球进入编辑状态	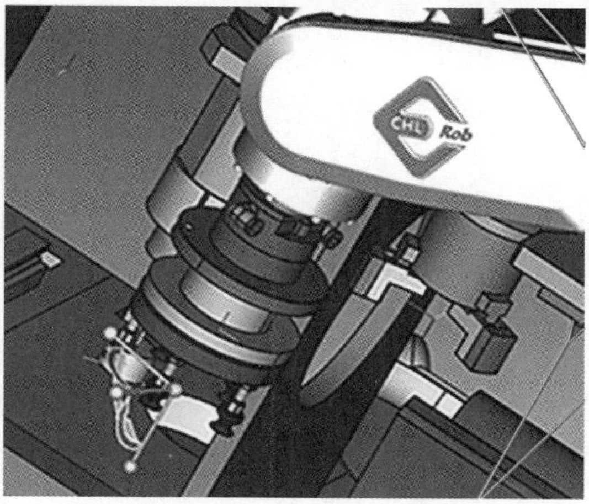
21	右击三维球中心点选择"到中心点"，对准图中箭头所示的位置后，单击鼠标左键	
22	然后再次按下空格键使三维球变回原状	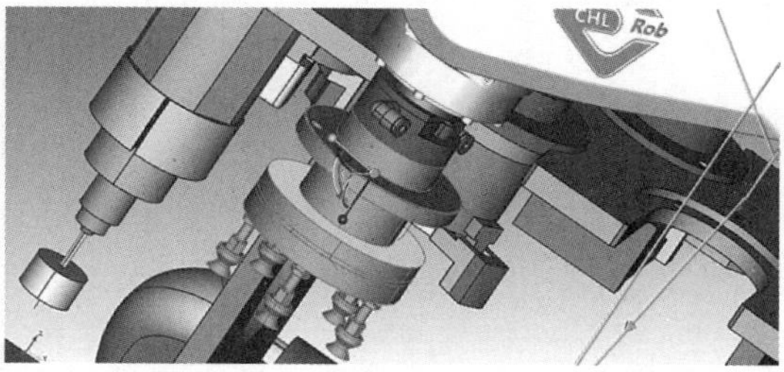
23	右击三维球中心点选择"到中心点"，单击图中箭头所示位置	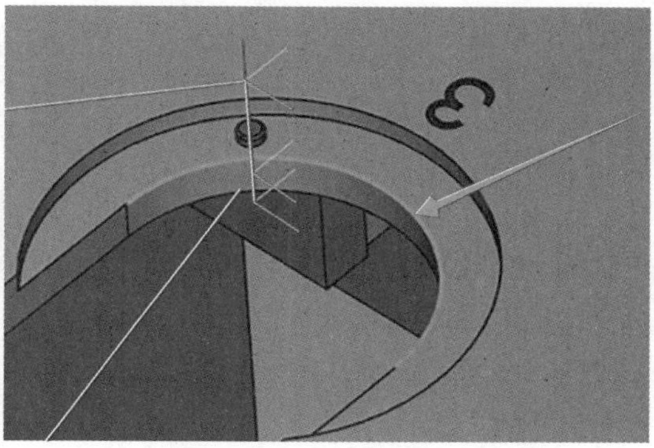

表 5-11（续 6）

序号	步骤	图示
24	吸盘移动到了 3 号工具架里	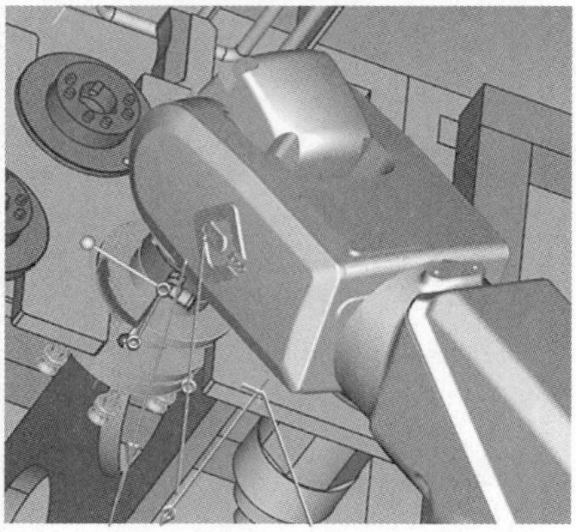
25	发现 X 轴没有平行，直接拖出会有较大偏移。首先按下空格键让三维球进入编辑状态，右击 X 轴选择"与边平行"	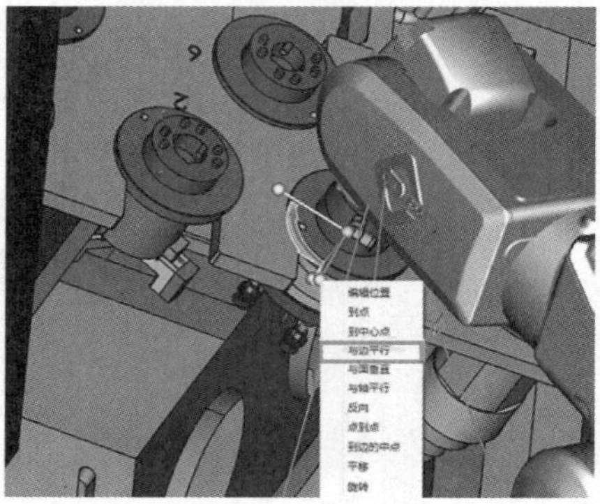
26	选择对准工具架的边	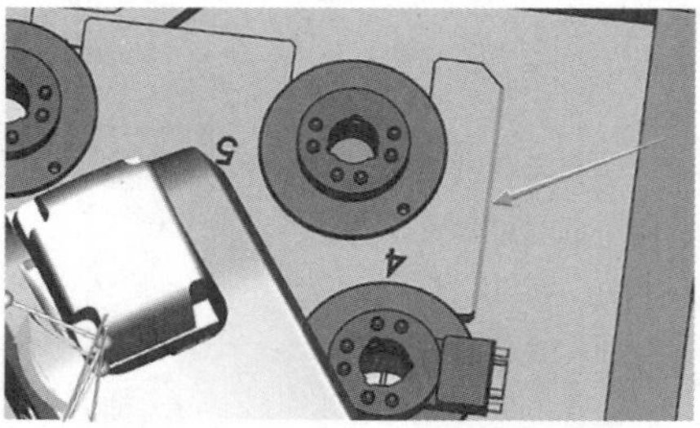
27	X 轴平行	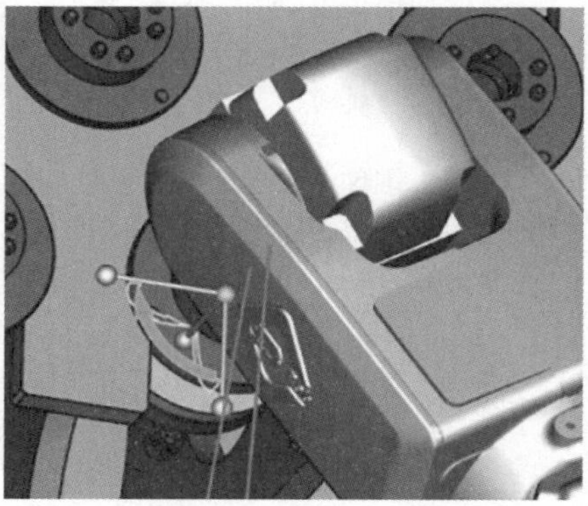

表 5-11（续 7）

序号	步骤	图示
28	退出三维球编辑状态，恢复原状拖动 X 轴平移到一个合理的位置	
29	添加完 POS 点后右击机器人选择"卸载（生成轨迹）"	
30	出入刀点选择合适的位置并修改出入刀点的线速度	

表 5-11（续 8）

序号	步骤	图示
31	把机器人的姿态调整，插入 POS 点	
32	右击新建 POS 点，选择"添加仿真事件"	
33	点击机器人导轨，把位置改为"340"	
34	右击导轨插入 POS 点。机器人放吸盘工具步骤完成	

（9）74 取打磨工具 B 和进行打磨轮毂内侧步骤如表 5-12 所示。

表 5-12　取打磨工具 B 和进行打磨轮毂内侧步骤

序号	步骤	图示
1	右击新建 POS 点，选择"添加仿真事件"	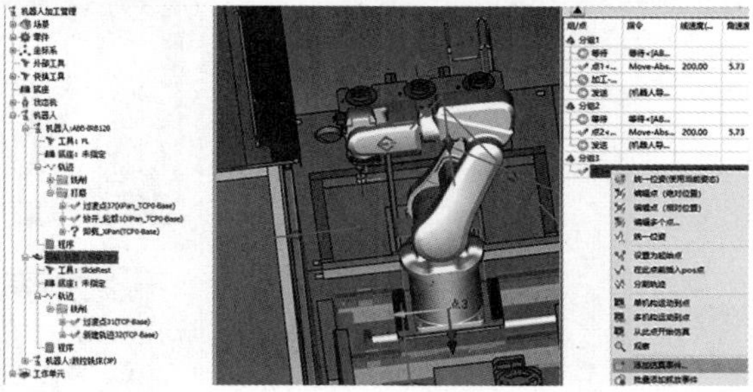
2	仿真事件内容如右图所示	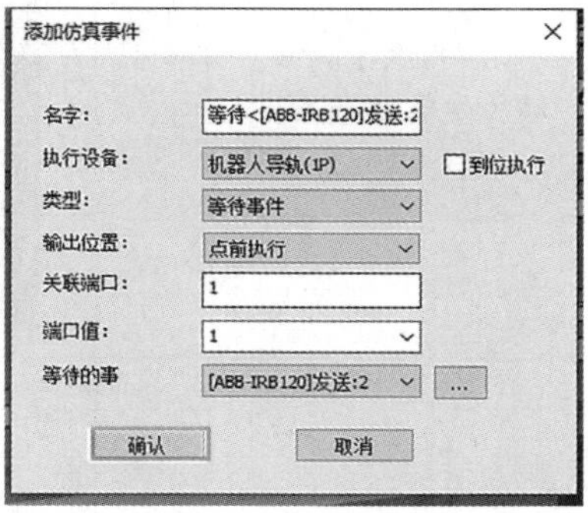
3	继续右击 POS 点，选择"添加仿真事件"	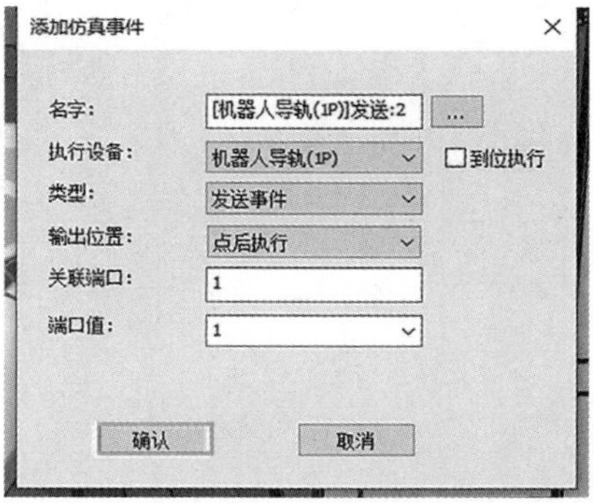
4	点击回机器人的 POS 点，右击选择"添加仿真事件"	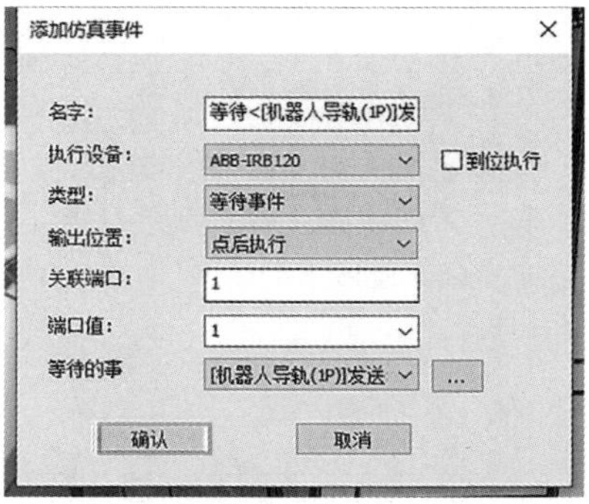

表 5-12（续 1）

序号	步骤	图示
5	把机器人姿态调成右图所示的状态并插入 POS 点	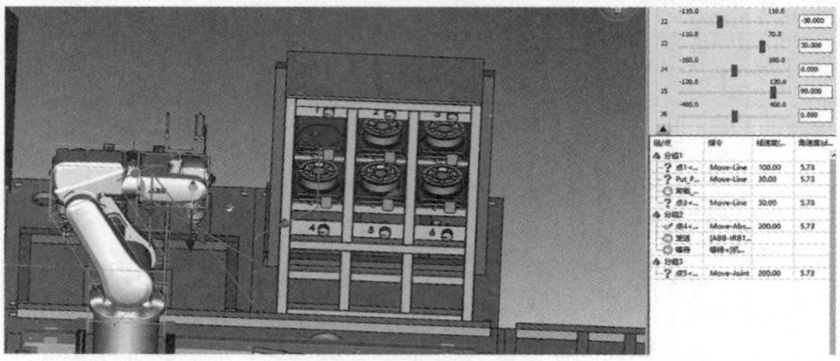
6	右击"打磨工具 B"选择"安装（生成轨迹）"	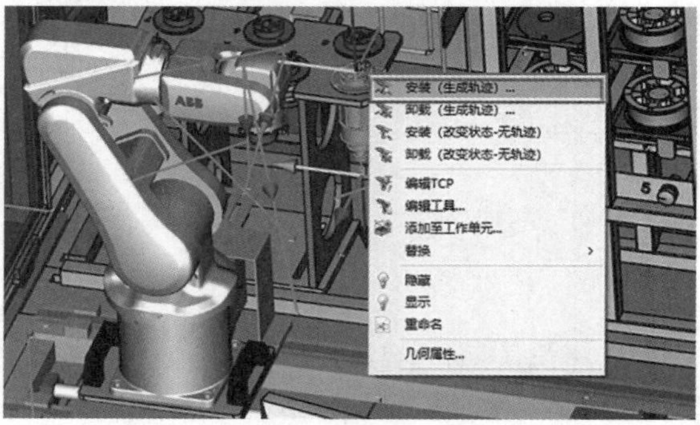
7	出入刀点设置合适的值	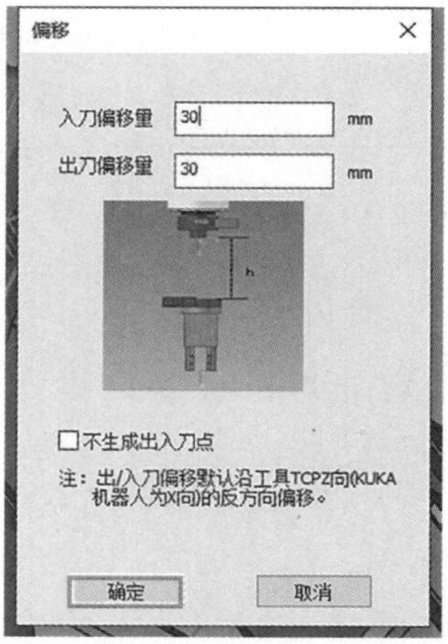
8	创建完出入刀点后把出刀和入刀的线速度修改到一个不会发生碰撞的速度	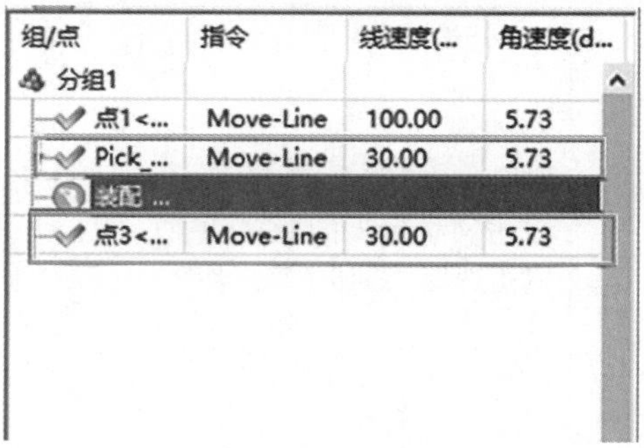

表 5-12（续 2）

序号	步骤	图示
9	选择装配轨迹下面那条轨迹右击弹出菜单选择"编辑点（相对位置）"	
10	拖动 Y 轴，平移工具	
11	移动到合适距离后插入 POS 点	
12	右击 POS 点选择"编辑点（相对位置）"	

表 5-12（续 3）

序号	步骤	图示
13	拖动 X 轴，平移工具	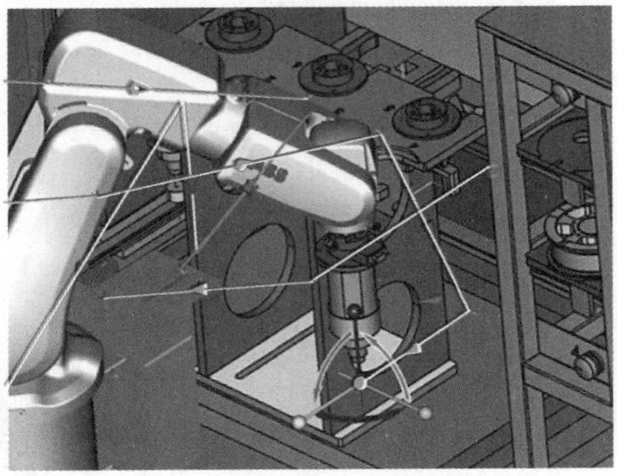
14	再调整机器人姿态	
15	右击机器人选择插入 POS 点	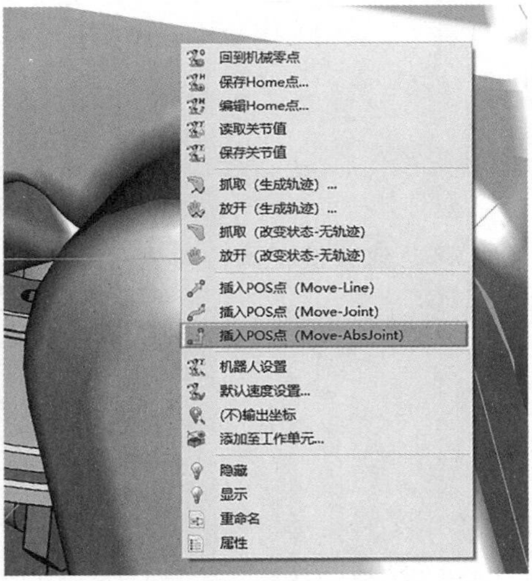
16	再调整机器人姿态	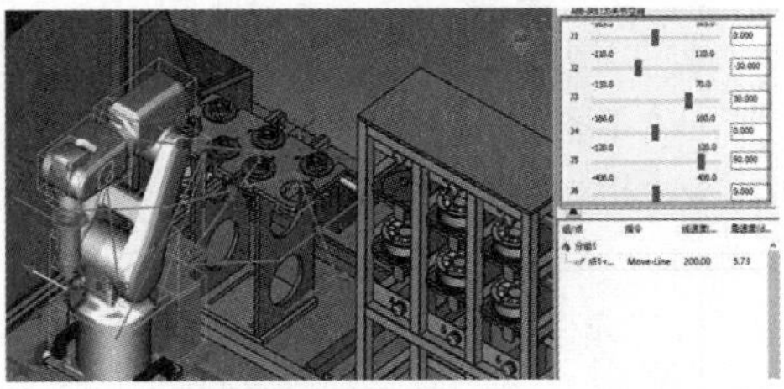

表 5-12（续 4）

序号	步骤	图示
17	右击机器人选择插入 POS 点	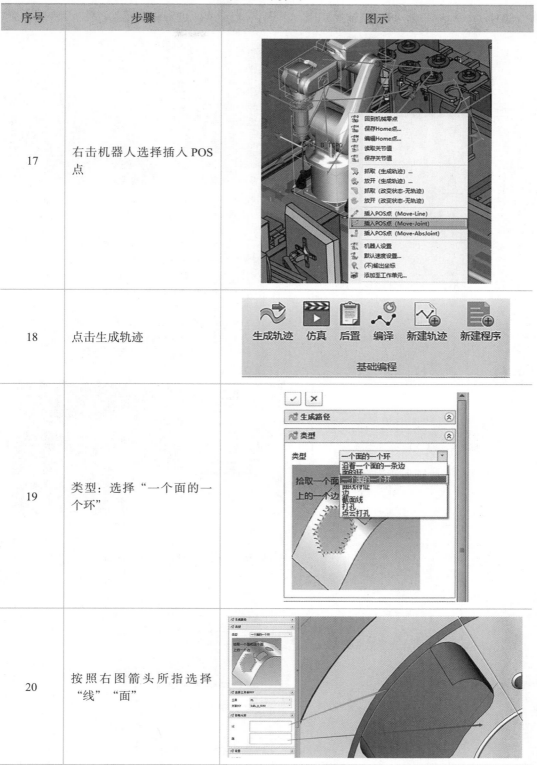
18	点击生成轨迹	
19	类型：选择"一个面的一个环"	
20	按照右图箭头所指选择"线""面"	

表 5-12（续 5）

序号	步骤	图示
21	拾取元素中"线""面"两条轨迹就出现在输入框里	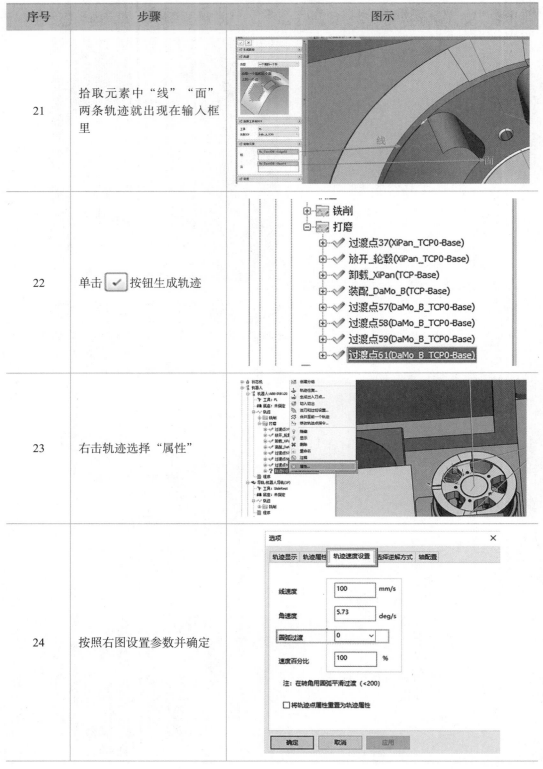
22	单击 ✓ 按钮生成轨迹	
23	右击轨迹选择"属性"	
24	按照右图设置参数并确定	

表 5-12（续 6）

序号	步骤	图示
25	生成的轨迹并没有对齐要打磨的地方	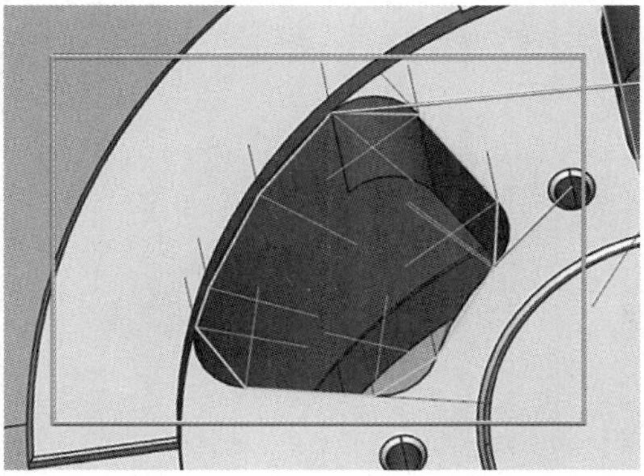
26	点击轨迹点的"+"	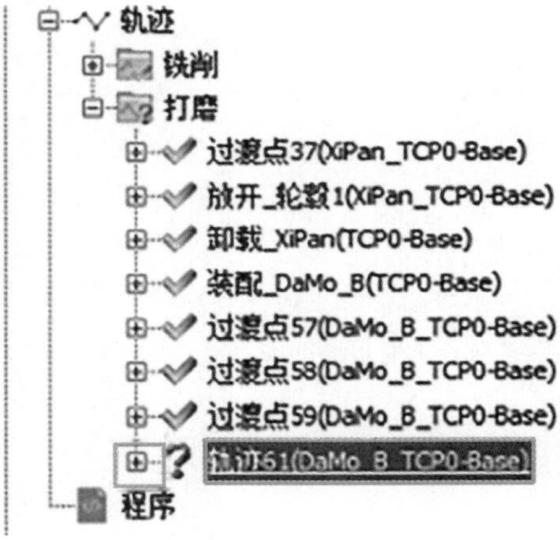
27	在扩展的属性右击选择"一个面的一个环"弹出选项选择"修改特征"	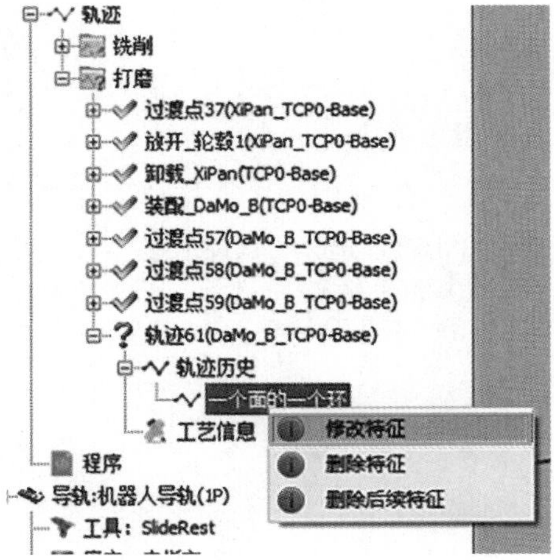

表 5-12（续 7）

序号	步骤	图示
28	把步长修改为"1 mm"	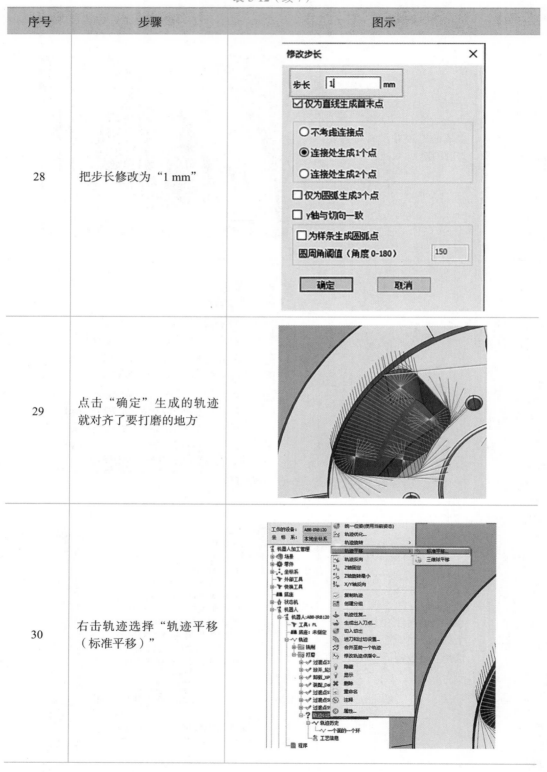
29	点击"确定"生成的轨迹就对齐了要打磨的地方	
30	右击轨迹选择"轨迹平移（标准平移）"	

表 5-12（续 8）

序号	步骤	图示
31	Y 轴平移 7 mm（因为考虑到打磨工具 TCP 的半径，不做修改工具会与轮毂发生碰撞，当前工具 TCP 半径测量结果为 7 mm，按实物进行修改，并不一定全部是 7 mm），Z 轴平移 –16 mm（测量出这个面高度是 16 mm，所以平移 –16 mm）	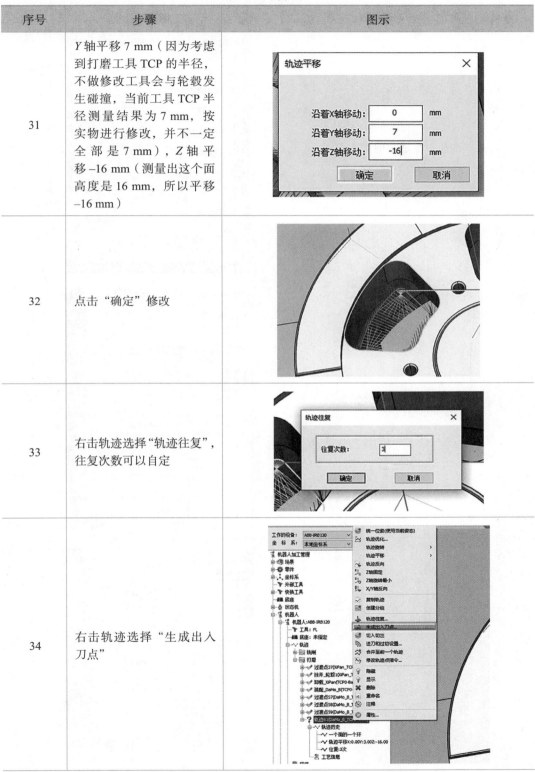
32	点击"确定"修改	
33	右击轨迹选择"轨迹往复"，往复次数可以自定	
34	右击轨迹选择"生成出入刀点"	

表 5-12（续 9）

序号	步骤	图示
35	选择一个适量的出入刀点即可	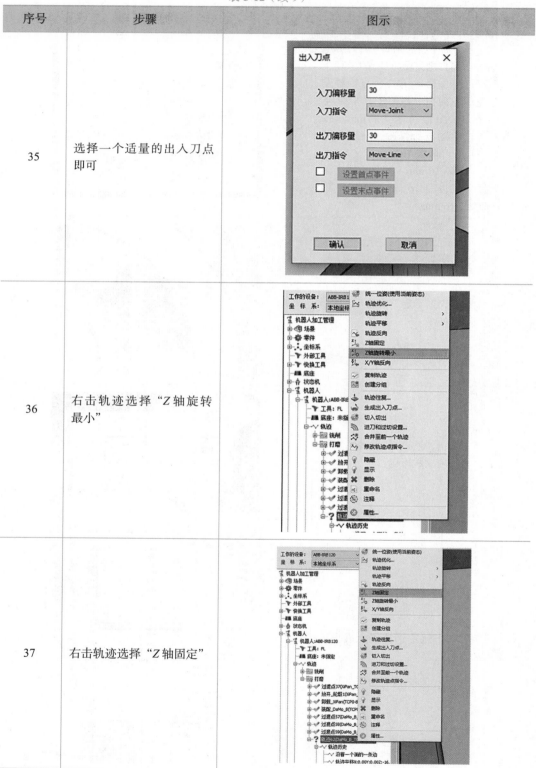
36	右击轨迹选择"Z轴旋转最小"	
37	右击轨迹选择"Z轴固定"	

表 5-12（续 10）

序号	步骤	图示
38	"Z 轴旋转最小"和"Z 轴固定"完后把剩下的四个槽用同样的方法生成打磨轨迹	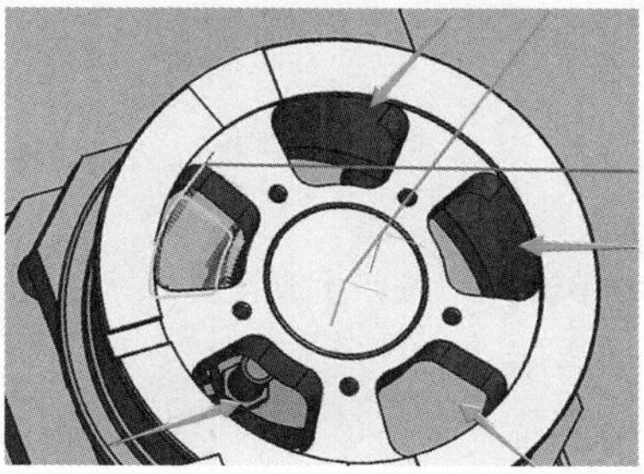
39	右图为全部槽的打磨轨迹。取打磨工具 B 和进行打磨轮毂内侧步骤完成	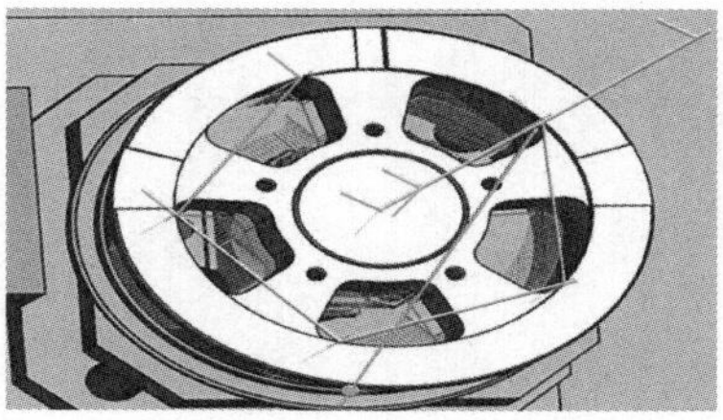

（10）打磨轮毂表面步骤如表 5-13 所示

表 5-13　打磨轮毂表面步骤

序号	步骤	图示
1	机器人调整姿态，插入 POS 点	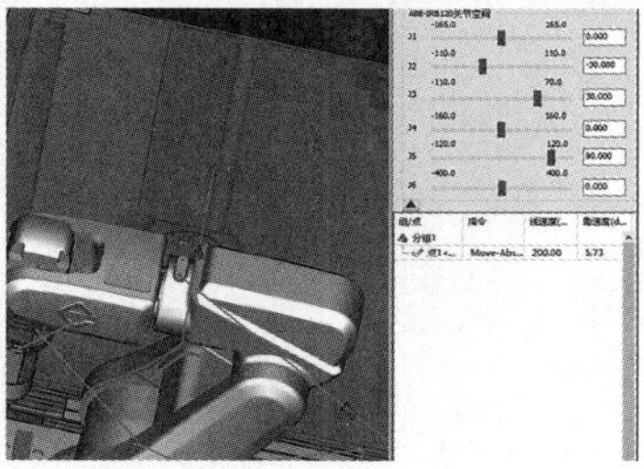
2	点击生成轨迹	
3	类型选择"一个面的一个环"按照右图箭头所指选择"线""面"并生成轨迹	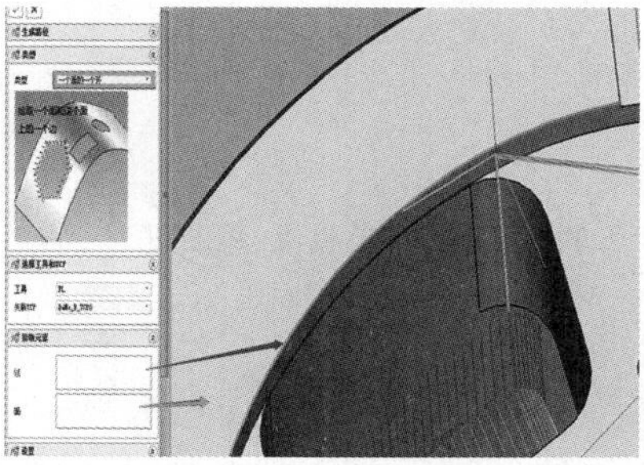

表 5-13（续 1）

序号	步骤	图示
4	单击 ✔ 按钮生成轨迹	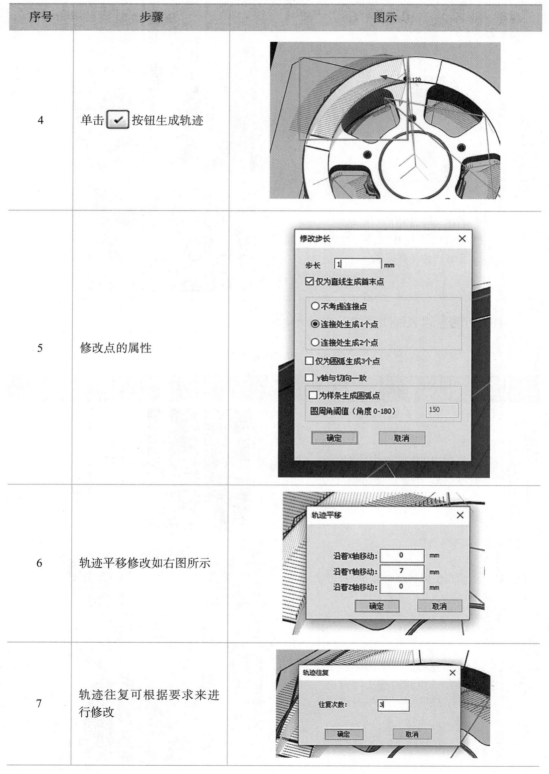
5	修改点的属性	
6	轨迹平移修改如右图所示	
7	轨迹往复可根据要求来进行修改	

表 5-13（续 2）

序号	步骤	图示
8	打磨表面的轨迹出入刀点选择适量的数值，避免碰撞和轴超限	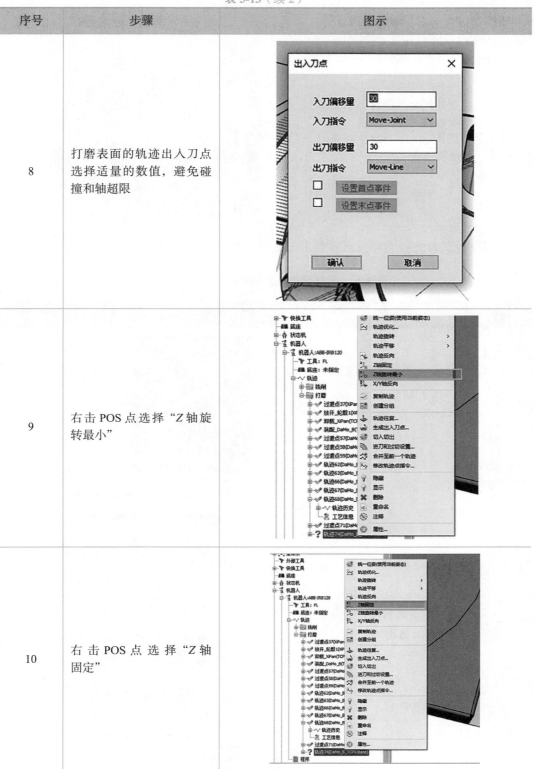
9	右击 POS 点选择 "Z 轴旋转最小"	
10	右 击 POS 点 选 择 "Z 轴固定"	

表 5-13（续 3）

序号	步骤	图示
11	再用同样的方法把剩下几个面都添加上轨迹（如右图所示）。打磨轮毂表面步骤完成	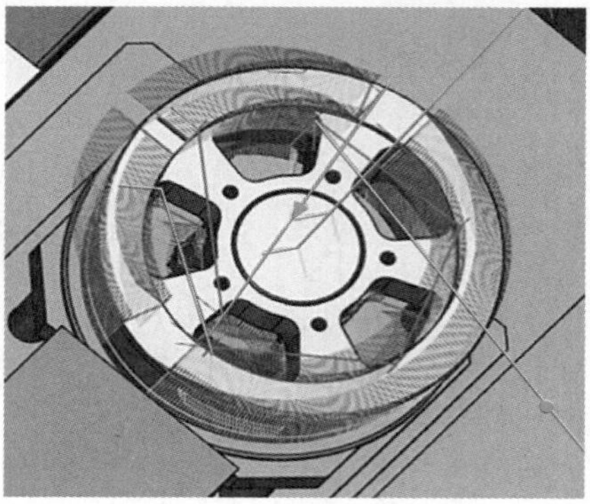

（11）轮毂翻转打磨和放回打磨工具 B 步骤如表 5-14 所示。

表 5-14　轮毂翻转打磨和放回打磨工具 B 步骤

序号	步骤	图示
1	机器人调整姿态，插入 POS 点	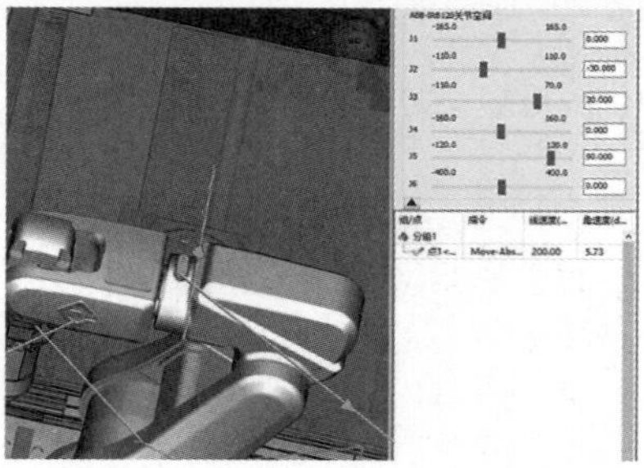
2	在新添加的 POS 点右击选择"添加仿真事件"	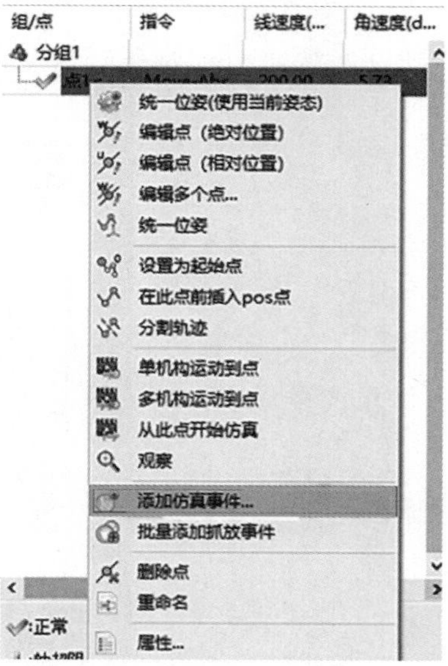

表 5-14（续 1）

序号	步骤	图示
3	仿真事件的内容如图所示	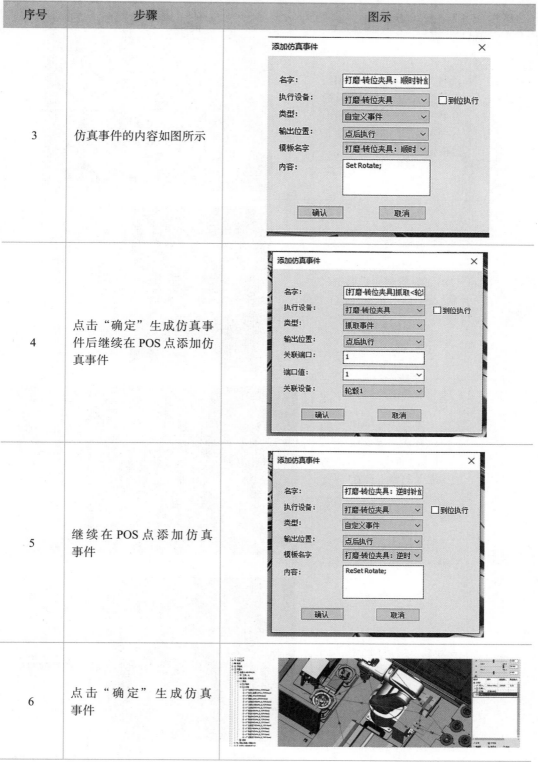
4	点击"确定"生成仿真事件后继续在 POS 点添加仿真事件	
5	继续在 POS 点添加仿真事件	
6	点击"确定"生成仿真事件	

表 5-14（续 2）

序号	步骤	图示
7	轮毂反面的打磨方法和正面的方法一样，不过反面打磨只需要打磨三个扇形的面就完成了，不需要打磨槽里的面	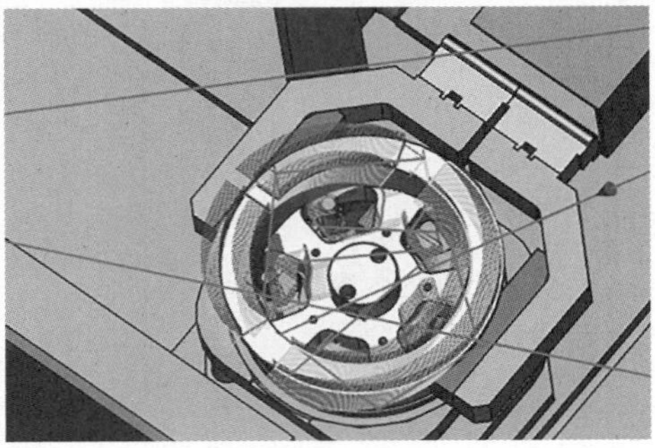
8	打磨完轮毂背面后调整机器人姿态插入 POS 点	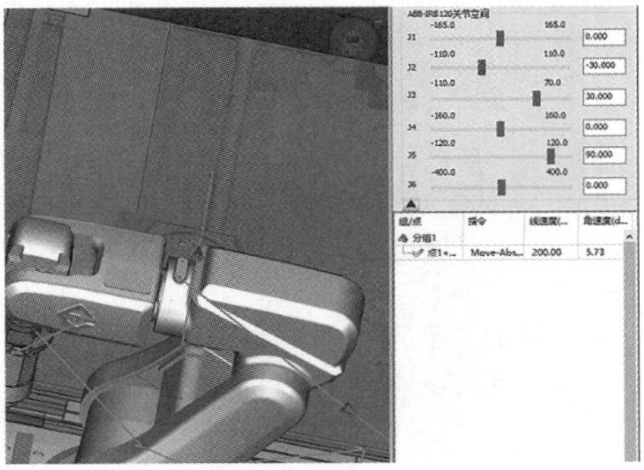
9	运用之前的放"吸盘"方法来放"打磨工具 B"	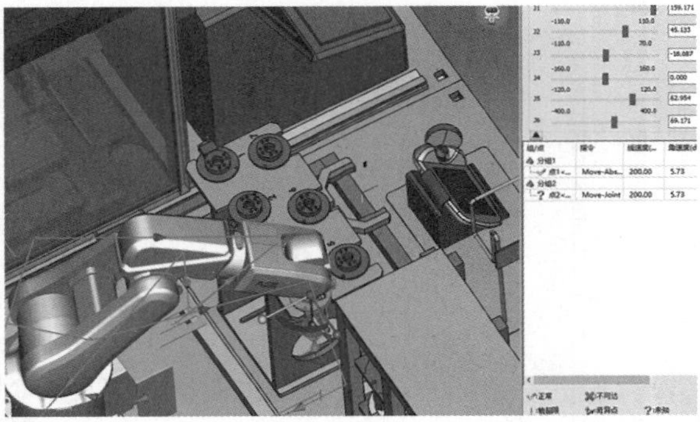
10	在卸载点前后两个出入刀点修改线速度	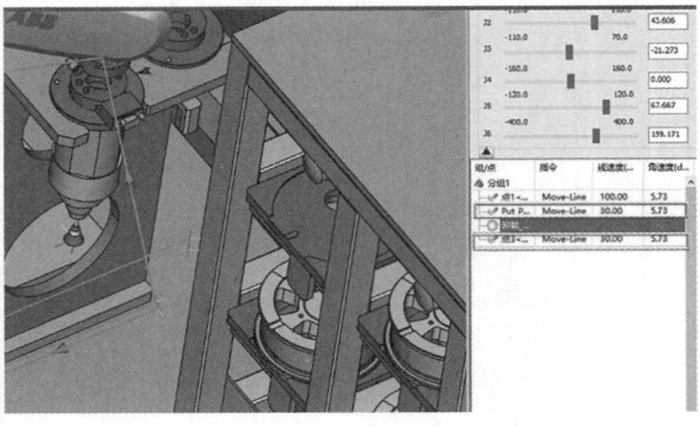

表 5-14（续 3）

序号	步骤	图示
11	卸载完"打磨工具 B"后修改机器人姿态，插入 POS 点。轮毂翻转打磨和放回打磨工具 B 步骤完成	

按照上述步骤完成轮毂去尘放回轮毂和吸盘工具后整套轮毂打磨就完成了。

5.2.4　任务评价

任务评价如表 5-15 所示。

表 5-15　任务评价表

项目	内容	配分	得分	备注
团队合作	实施任务过程中有讨论	5		
	有工作计划	5		
	有明确的分工	5		
	系统摆放合理、美观	10		
任务实施	新建工作站与场景搭建	20		
	铣削与轮毂打磨	30		
6S 管理	完成操作后，工位无垃圾	10		
	完成操作后，计算机等摆放整齐	5		
安全事项	过程中，无损坏设备及人身伤害现象	10		
总分				

任务 5.3　焊接应用

5.3.1　任务目标

（1）能熟练建立工作站；
（2）熟悉场景搭建的过程；

钢结构梁柱
焊接案例

（3）熟练掌握轨迹生成、仿真和运行过程。

机器人仿
真Ⅰ型坡
口变位焊

5.3.2 任务内容

建立工作站、场景搭建、轨迹生成、仿真与运行。

5.3.3 任务实施

建立工作站和场景搭建，具体操作步骤如表 5-16 所示。

表 5-16　建立工作站和场景搭建

序号	步骤	图示
1	建立工作站	主页　工作站　新建　打开　保存　另存为 文件
2	场景搭建，选择带变位机的机器人系统创建与运用Ⅰ型焊管焊接	示例 带变位机的机器人系统创建与运用 Ⅰ型焊管焊接 2424次使用 下载约7.9S
3	选择机器人点击鼠标右键，创建外部轴链接	回到机械零点 保存Home点... 编辑Home点... 创建外部轴链接... 解除外部轴链接... 抓取（生成轨迹）... 放开（生成轨迹）... 抓取（改变状态-无轨迹）... 放开（改变状态-无轨迹）... 插入POS点（Move-Line） 插入POS点（Move-Joint） 插入POS点（Move-AbsJoint） 同步到此机构 设置机器人... 默认速度设置... 添加至工作单元... 替换 隐藏 显示

表 5-16（续 1）

序号	步骤	图示
4	选择变位机"HBS150"，点击"确定"	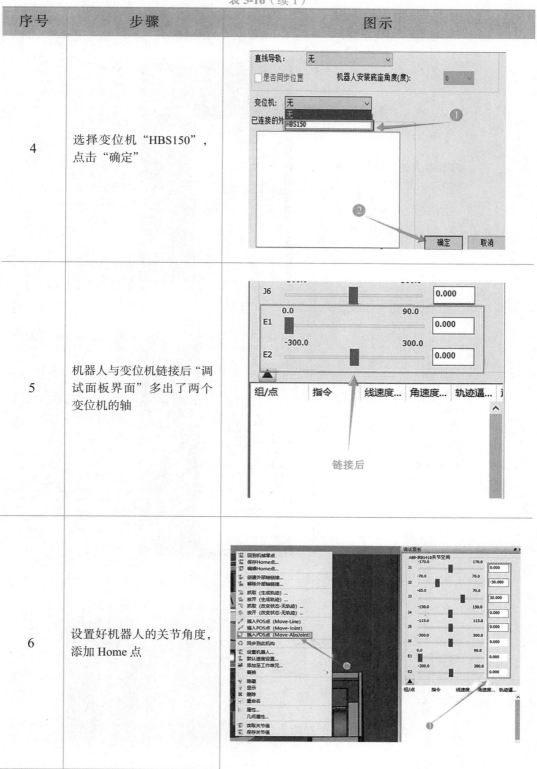
5	机器人与变位机链接后"调试面板界面"多出了两个变位机的轴	
6	设置好机器人的关节角度，添加 Home 点	

表 5-16（续 2）

序号	步骤	图示
7	将机器人的 1 轴角度改为 90°，并添加 POS 过渡点	
8	将变位机外部轴 E1 和 E2 轴分别改为 25°、90°，并添加 POS 点	
9	点击"生成轨迹"，生成轨迹的类型选择"边"，再选择 I 型管上的线和面，点击	

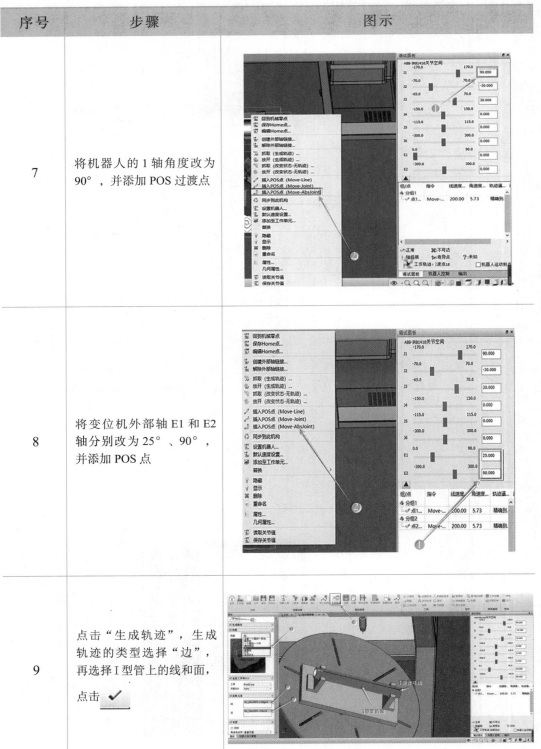

表 5-16（续 3）

序号	步骤	图示
10	右击生成的轨迹，添加出入刀点	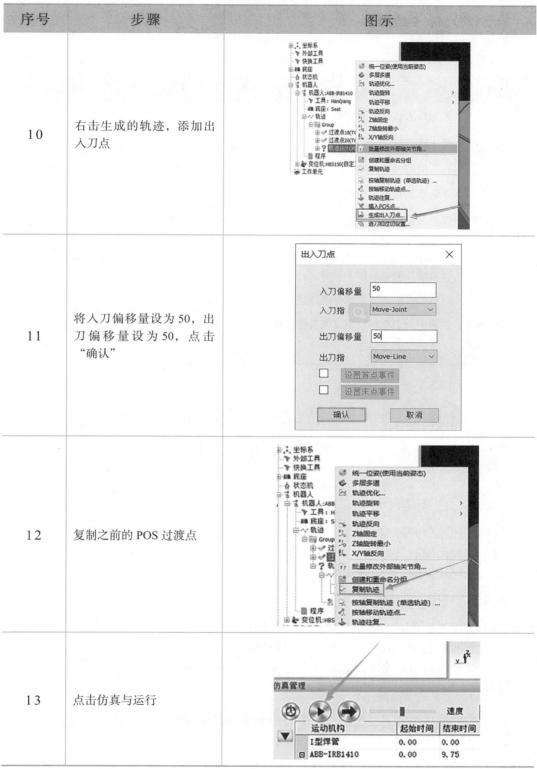
11	将入刀偏移量设为 50，出刀偏移量设为 50，点击"确认"	
12	复制之前的 POS 过渡点	
13	点击仿真与运行	

5.3.4 任务评价

任务评价如表 5-17 所示。

表 5-17 任务评价表

项目	内容	配分	得分	备注
团队合作	实施任务过程中有讨论	5		
	有工作计划	5		
	有明确的分工	5		
	系统摆放合理、美观	10		
任务实施	建立工作站与场景搭建	20		
	轨迹生成、仿真与运行	30		
6S 管理	完成操作后，工位无垃圾	10		
	完成操作后，计算机等摆放整齐	5		
安全事项	过程中，无损坏设备及人身伤害现象	10		
总分				

任务 5.4　智能制造单元系统集成应用平台综合仿真应用

5.4.1 任务目标

（1）掌握涂胶的过程；
（2）掌握码垛的过程；
（3）能完成异形芯片检测组装。

5.4.2 任务内容

（1）智能制造单元系统集成应用平台涂胶；
（2）智能制造单元系统集成应用平台码垛；
（3）智能制造单元系统集成应用平台异形芯片检测组装。

5.4.3 任务实施

（1）智能制造单元系统集成应用平台涂胶平台搭建与仿真如表 5-18 所示。

表 5-18 智能制造单元系统集成应用平台涂胶平台搭建与仿真

序号	步骤	图示
1	建立工作站，搭建场景，选择工业机器人操作与运维工作站 CHL-KH01	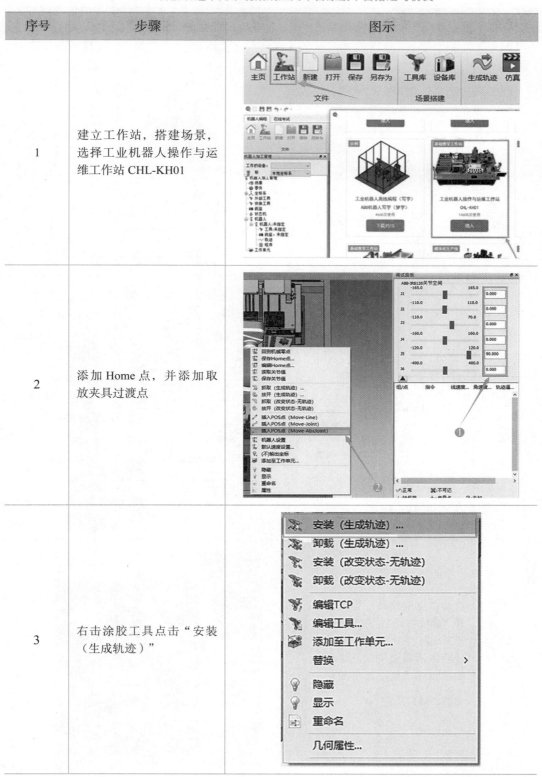
2	添加 Home 点，并添加取放夹具过渡点	
3	右击涂胶工具点击"安装（生成轨迹）"	

表 5-18（续 1）

序号	步骤	图示
4	入刀和出刀的偏移量默认 300 mm，点击"确定"	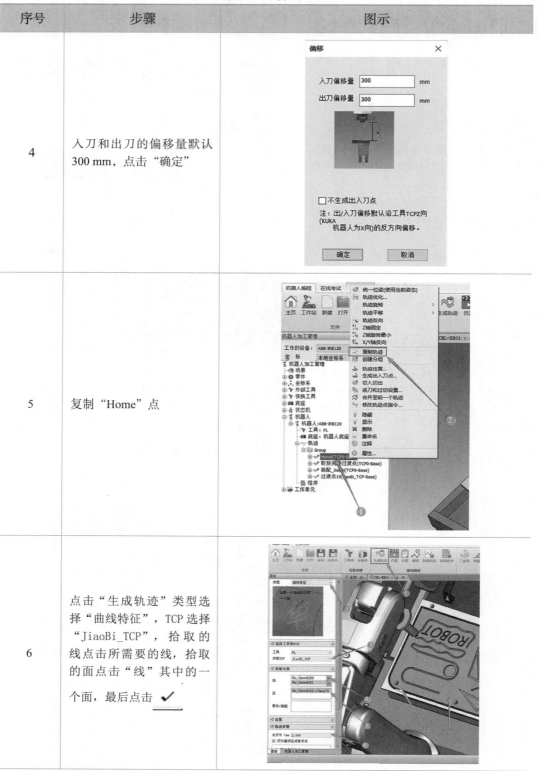
5	复制"Home"点	
6	点击"生成轨迹"类型选择"曲线特征"，TCP 选择"JiaoBi_TCP"，拾取的线点击所需要的线，拾取的面点击"线"其中的一个面，最后点击 ✓	

表 5-18（续 2）

序号	步骤	图示
7	按 Ctrl+Shift+ 鼠标左键全选涂胶轨迹点击"Z 轴固定"，再鼠标右击全选的轨迹点击"生成出入刀点"，入刀和出刀量输入 50，点击"确认"	
8	复制"Home"点	
9	右击涂胶工具点击"卸载（生成轨迹）"，入刀和出刀偏移量默认 300 mm，点击"确定"	

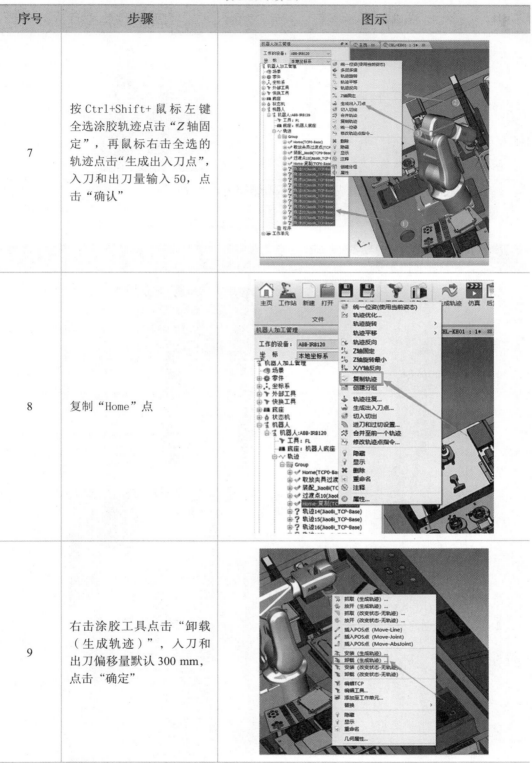

表 5-18（续 3）

序号	步骤	图示
10	最后再复制一个 Home 点，点击编译	

（2）智能制造单元系统集成应用平台码垛如表 5-19 所示。

表 5-19　智能制造单元系统集成应用平台码垛

序号	步骤	图示
1	添加 Home 点	
2	鼠标右击新建的 Home 点，点击创建分组，名称填码垛	

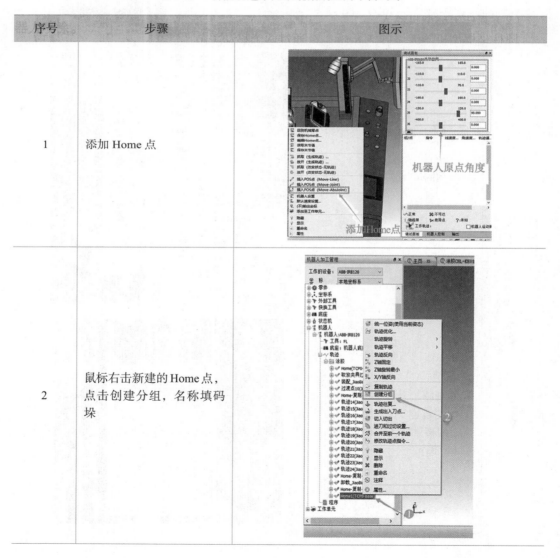

表 5-19（续 1）

序号	步骤	图示
3	为了方便码垛程序编译，先把涂胶程序注释	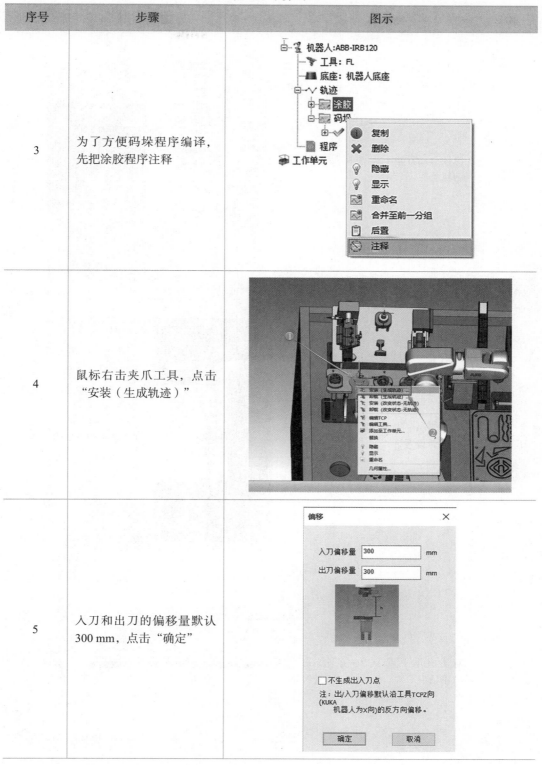
4	鼠标右击夹爪工具，点击"安装（生成轨迹）"	
5	入刀和出刀的偏移量默认300 mm，点击"确定"	

表 5-19（续 2）

序号	步骤	图示
6	鼠标右击 Home 点，点击"复制轨迹"	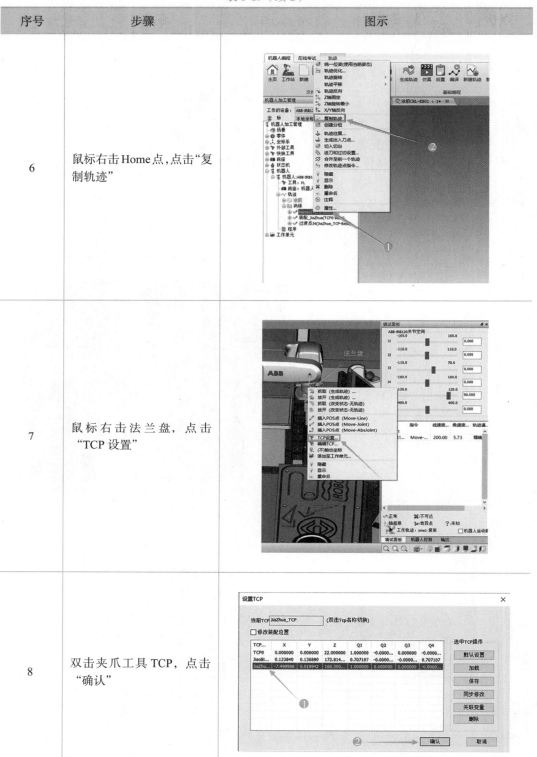
7	鼠标右击法兰盘，点击"TCP 设置"	
8	双击夹爪工具 TCP，点击"确认"	

表 5-19（续 3）

序号	步骤	图示
9	点击 Home 点，鼠标右击分组下的最后一个点，点击"批量添加抓放事件"	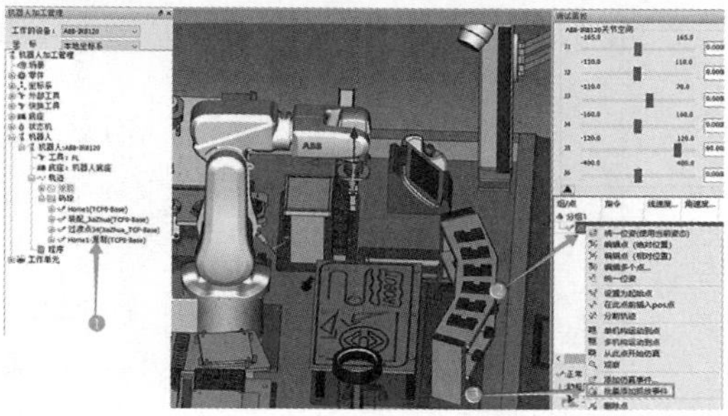
10	设备选择"立体仓库台架"，类型选择"抓取事件"	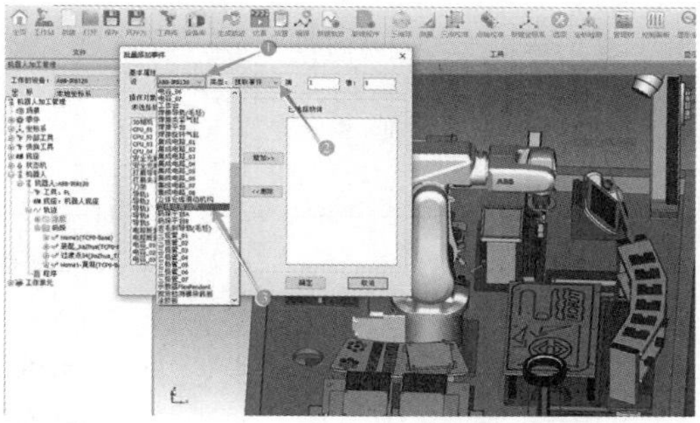
11	将"立体仓库台架"上的物料全部添加到"已选择物体"上	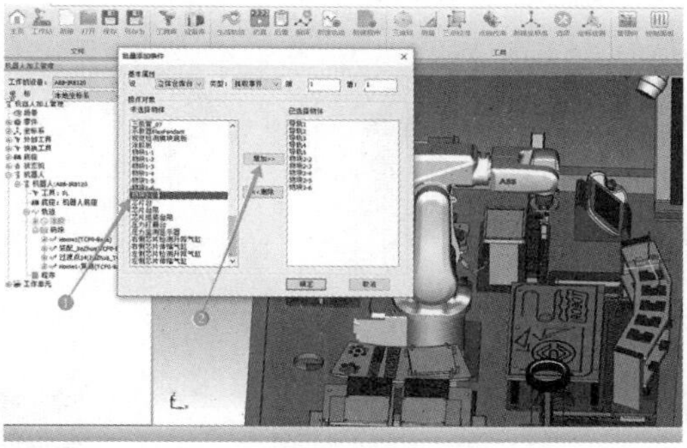
12	鼠标右击分组下的最后一个点，点击"添加仿真事件"	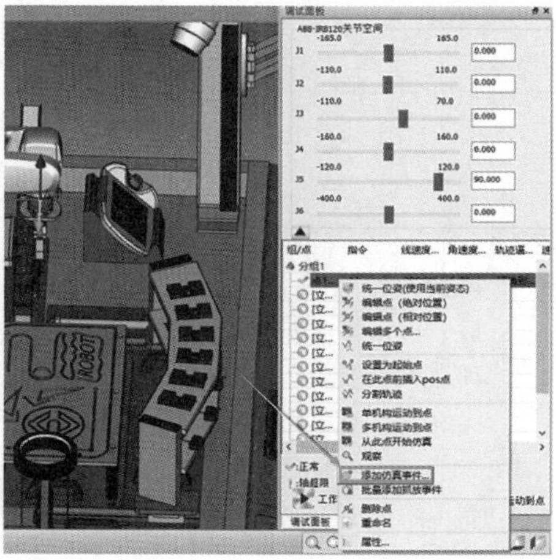

表 5-19（续 4）

序号	步骤	图示
13	类型选择"自定义事件"	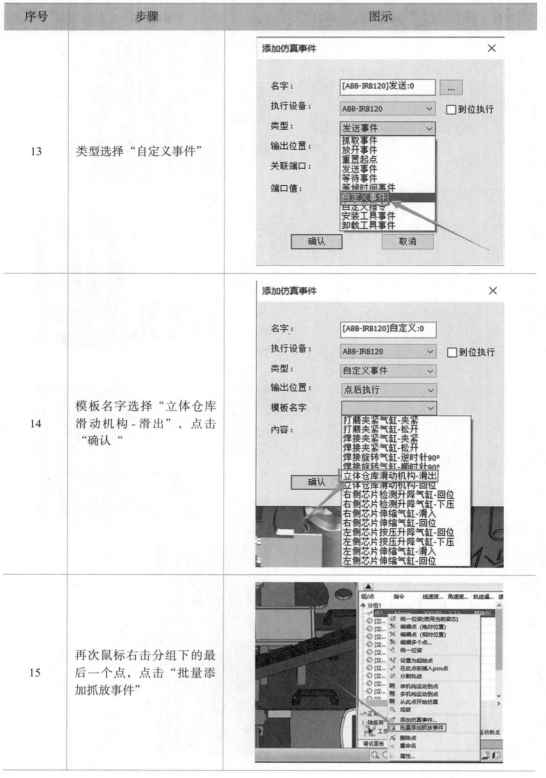
14	模板名字选择"立体仓库滑动机构 - 滑出"，点击"确认"	
15	再次鼠标右击分组下的最后一个点，点击"批量添加抓放事件"	

表 5-19（续 5）

序号	步骤	图示
16	设备选择"立体仓库台架"，类型选择"放开事件"	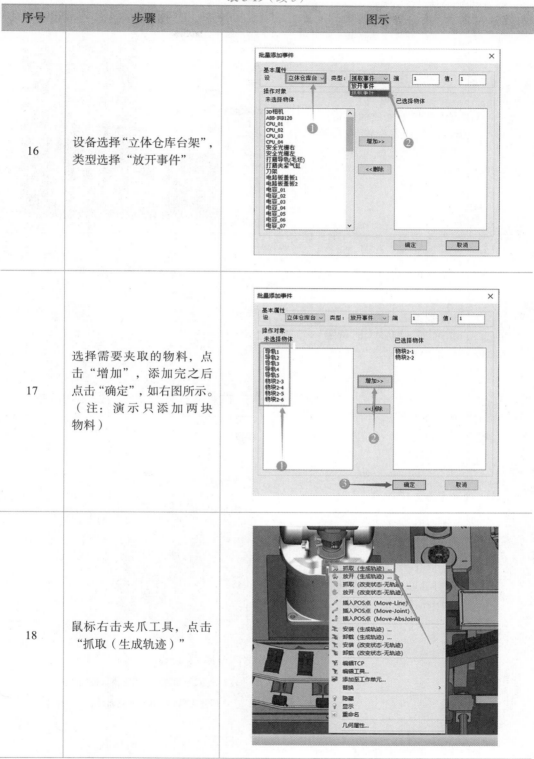
17	选择需要夹取的物料，点击"增加"，添加完之后点击"确定"，如右图所示。（注：演示只添加两块物料）	
18	鼠标右击夹爪工具，点击"抓取（生成轨迹）"	

表 5-19（续 6）

序号	步骤	图示
19	点击所需要夹取的物料，点击"增加"，最后点击"确定"	
20	抓取位置选择"CP1"，点击"增加"，然后点击"确定"	
21	入刀和出刀偏移量均为 100 mm，点击"确定"	

表 5-19（续 7）

序号	步骤	图示
22	夹爪工具抓取上物料之后，鼠标右击夹爪工具，点击"放开（生成轨迹）"	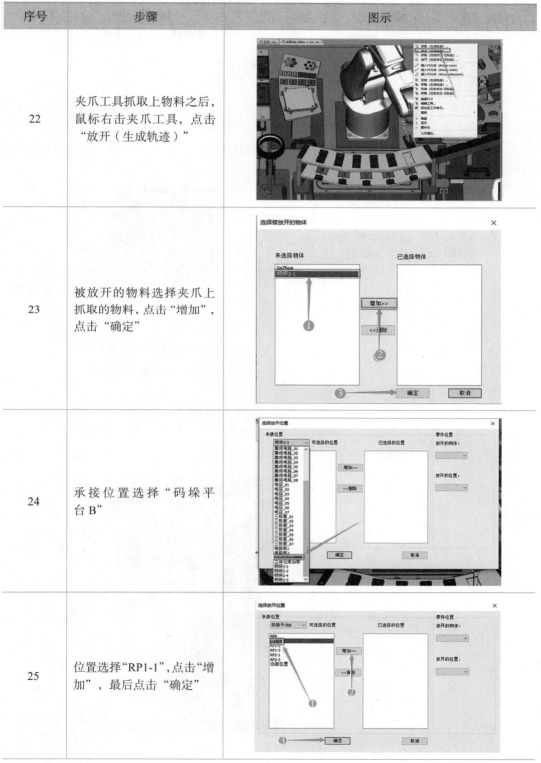
23	被放开的物料选择夹爪上抓取的物料，点击"增加"，点击"确定"	
24	承接位置选择"码垛平台 B"	
25	位置选择"RP1-1"，点击"增加"，最后点击"确定"	

表 5-19（续 8）

序号	步骤	图示
26	入刀和出刀偏移量的 100 mm，点击"确定"	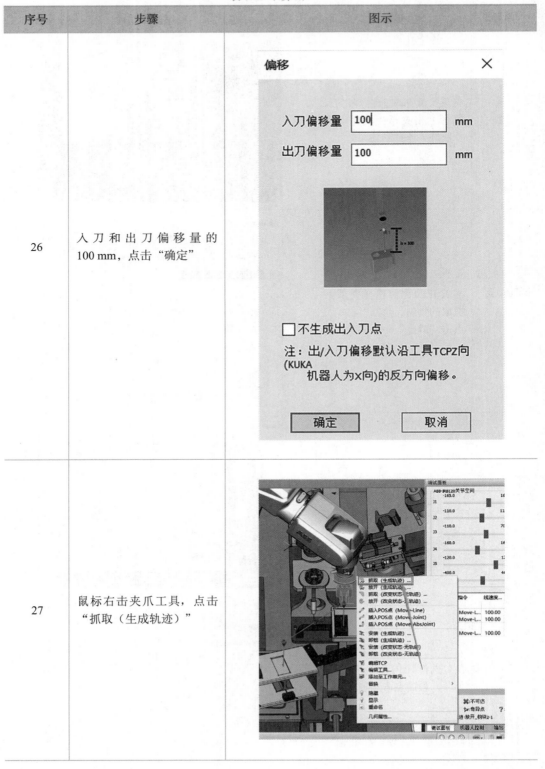
27	鼠标右击夹爪工具，点击"抓取（生成轨迹）"	

表 5-19（续 9）

序号	步骤	图示
28	选择"立体仓库台架"放开的第二块物料，点击"增加"，然后点击"确定"	
29	抓取位置选择"CP1"，点击"增加"，最后点击"确定"	
30	入刀和出刀偏移量均为 100 mm，点击"确定"	

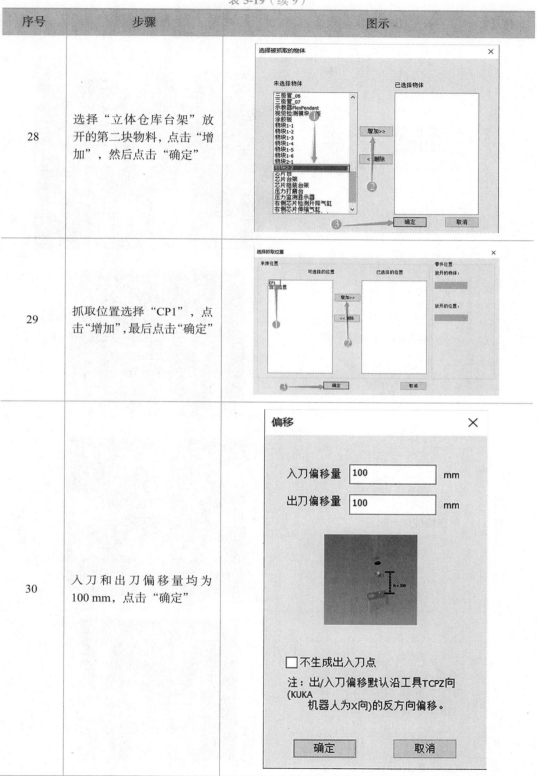

表 5-19（续 10）

序号	步骤	图示
31	点击物料"物块 2-2"，点击"三维球"，按空格键右击三维球，点击到点	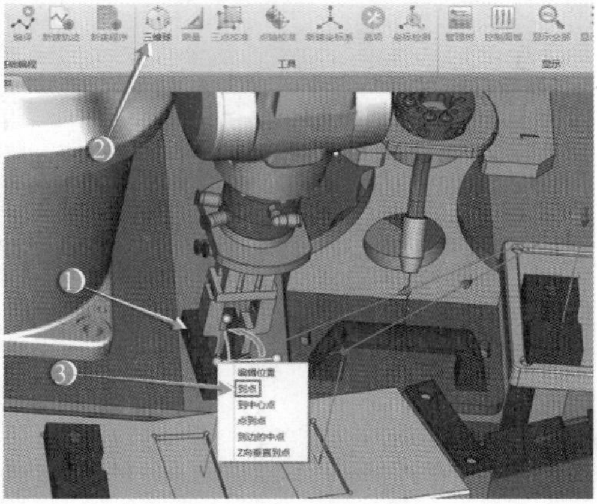
32	点击到点后，点击物料左下角	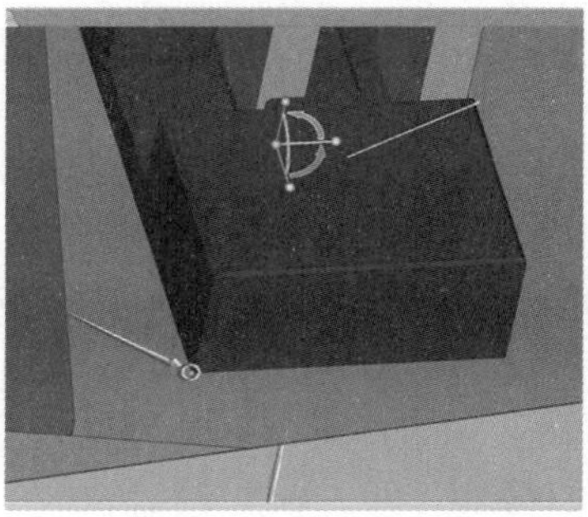
33	按空格键点击到点	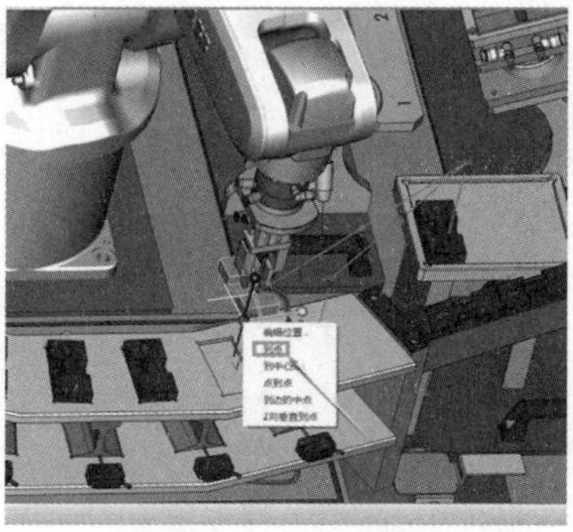
34	到点的位置是"码垛平台B"上物料"物块 2-1"右下角的位置	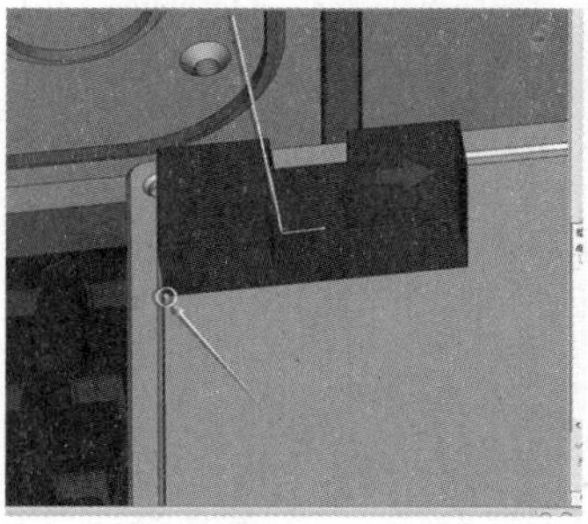

表 **5-19**（续 11）

序号	步骤	图示
35	鼠标右击三维球 Y 轴的边，点击"与边平行"	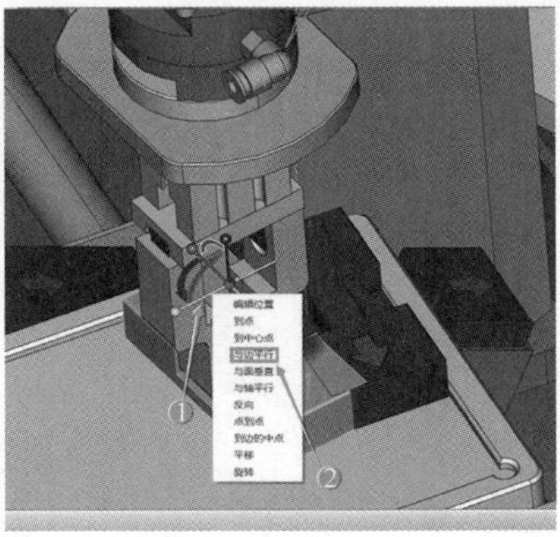
36	点击"与边平行"后，点击码垛平台上的边	
37	点击"三维球"，鼠标右击夹爪工具,点击"放开(生成轨迹)"	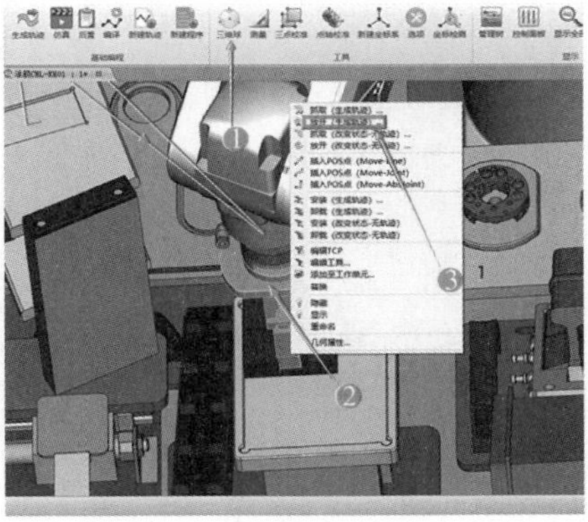
38	被放开的物料点击"物块2-2"，点击"增加"，最后点击"确定"	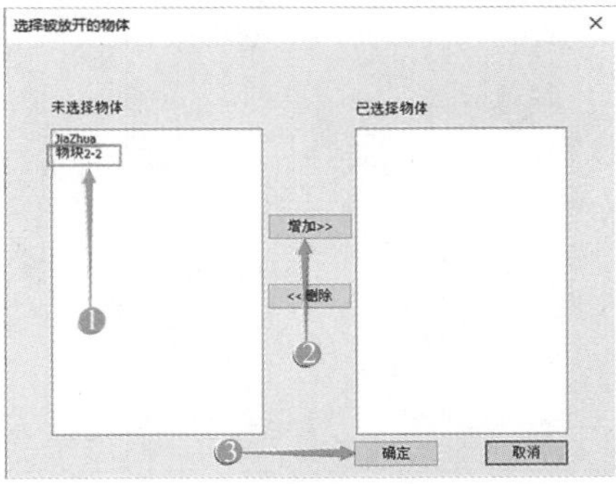

表 5-19（续 12）

序号	步骤	图示
39	承接位置选择"码垛平台 B"	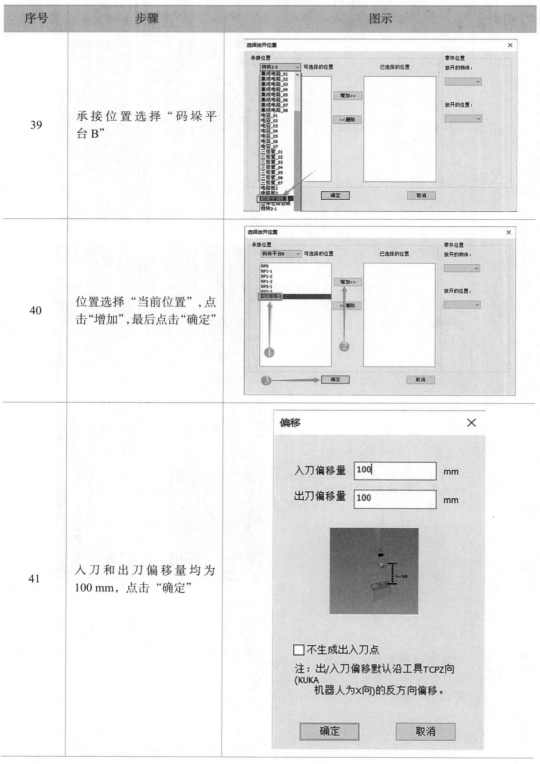
40	位置选择"当前位置"，点击"增加"，最后点击"确定"	
41	入刀和出刀偏移量均为 100 mm，点击"确定"	

表 5-19（续 13）

序号	步骤	图示
42	复制 Home 点	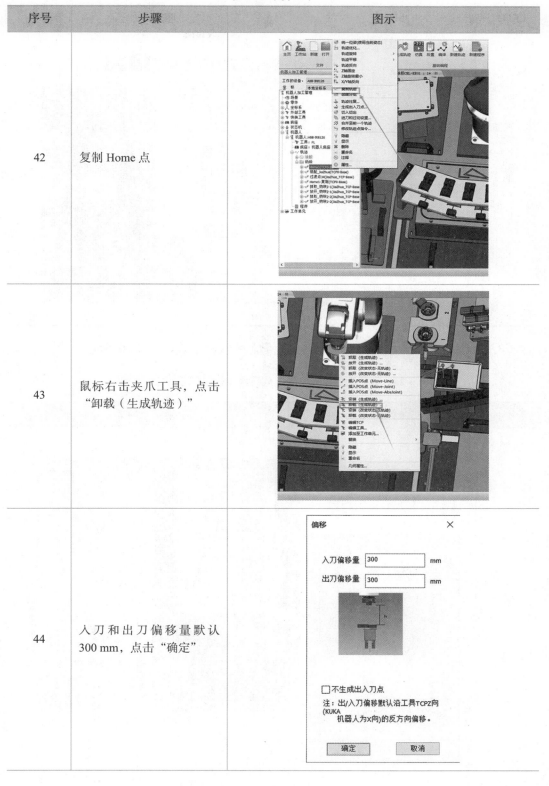
43	鼠标右击夹爪工具，点击"卸载（生成轨迹）"	
44	入刀和出刀偏移量默认300 mm，点击"确定"	

表 5-19（续 14）

序号	步骤	图示
45	复制 Home 点，机器人回到原点，点击编译	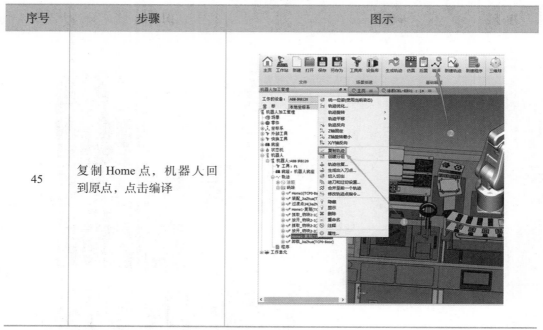

（3）智能制造单元系统集成应用平台异形芯片检测组装如表 5-20 所示。

表 5-20　智能制造单元系统集成应用平台异形芯片检测组装

序号	步骤	图示
1	鼠标右击机器人添加 Home 点	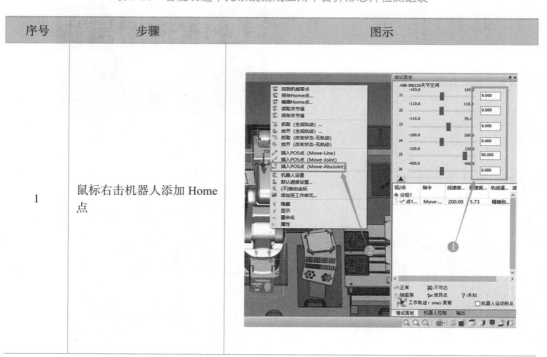

表 5-20（续 1）

序号	步骤	图示
2	鼠标右击 Home 点创建分组	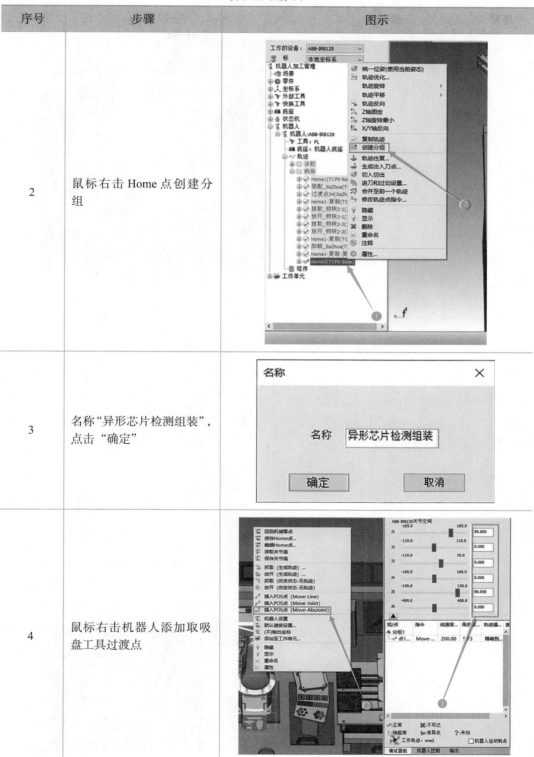
3	名称"异形芯片检测组装"，点击"确定"	
4	鼠标右击机器人添加取吸盘工具过渡点	

表 5-20（续 2）

序号	步骤	图示
5	鼠标右击吸盘工具点击"安装（生成轨迹）"	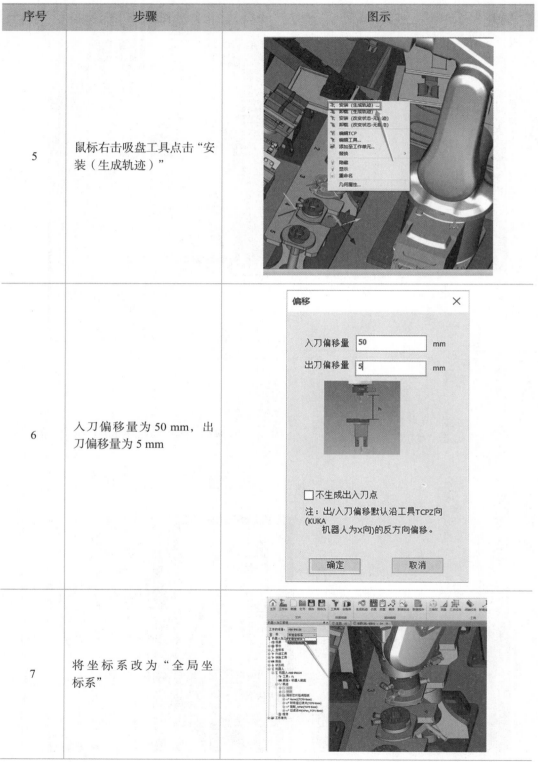
6	入刀偏移量为 50 mm，出刀偏移量为 5 mm	
7	将坐标系改为"全局坐标系"	

表 5-20（续 3）

序号	步骤	图示
8	首先点击吸盘工具，再点击三维球，然后距离输入 –125，最后按 Ctrl+L 键添加 Move-Line 点	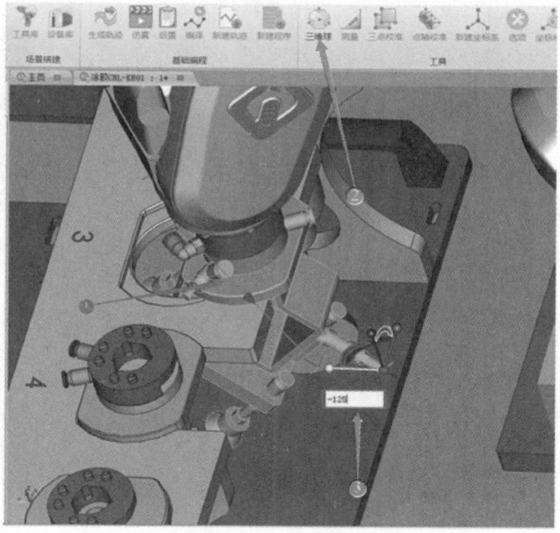
9	按空格键鼠标右击三维球，点击法兰盘中心点，将三维球移至中心点再按一次空格键	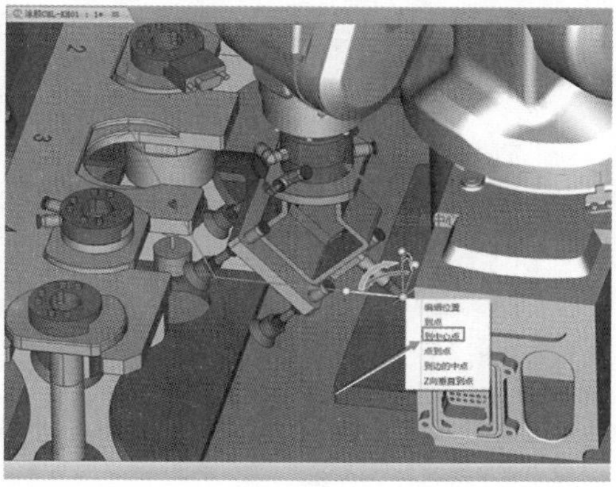
10	把吸盘工具旋转 90°，按 Ctrl+L 键添加 Move-Line 点	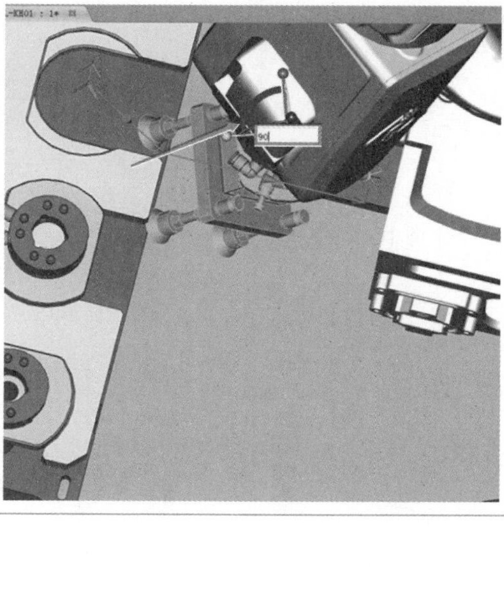

表 5-20（续 4）

序号	步骤	图示
11	把吸盘工具提高 300，把 Ctrl+L 键添加 Move-Line 点	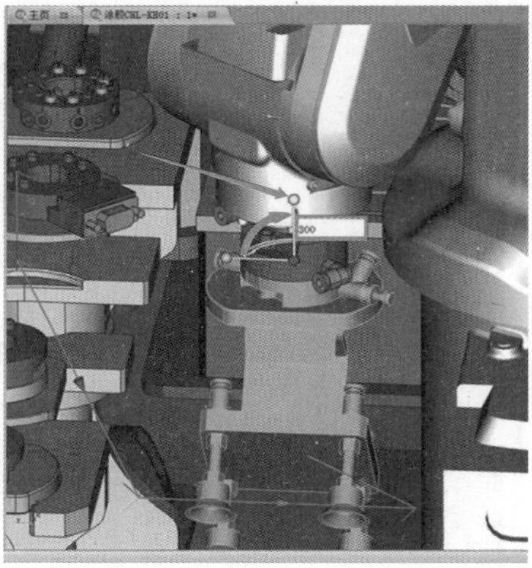
12	点击三维球，鼠标右击取吸盘过渡点，点击"复制轨迹"	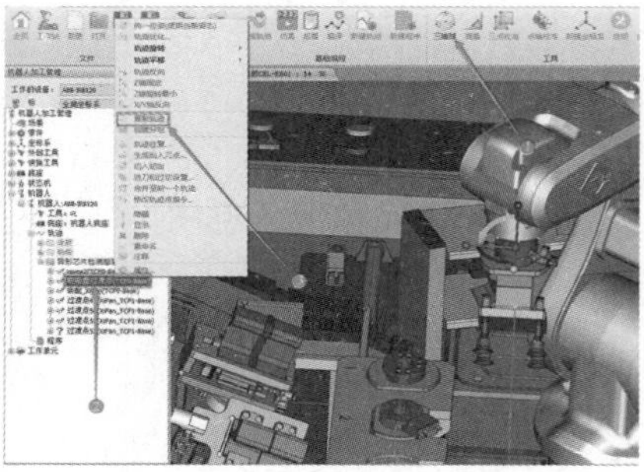
13	复制 Home 点	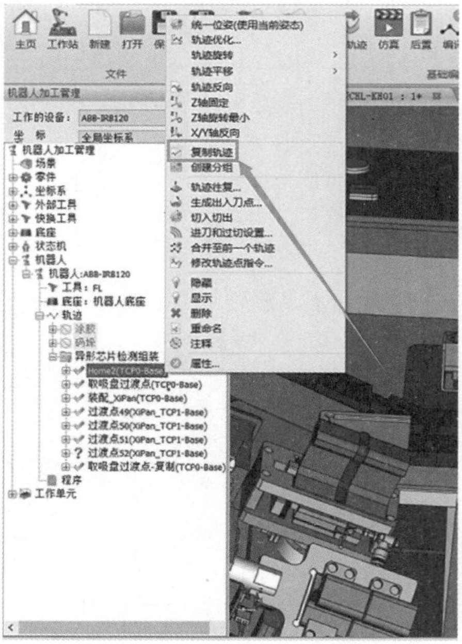

表 5-20（续 5）

序号	步骤	图示
14	添加检测过渡点	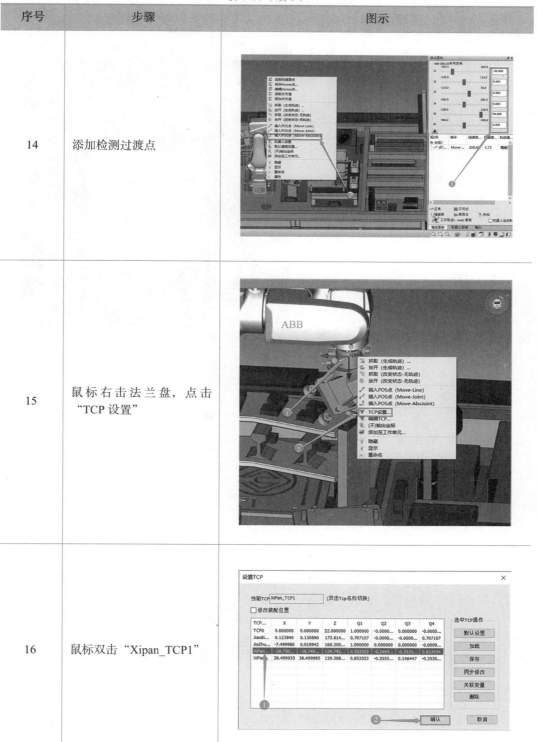
15	鼠标右击法兰盘，点击"TCP 设置"	
16	鼠标双击"Xipan_TCP1"	

表 5-20（续 6）

序号	步骤	图示
17	鼠标右击吸盘工具，点击"抓取（生成轨迹）"	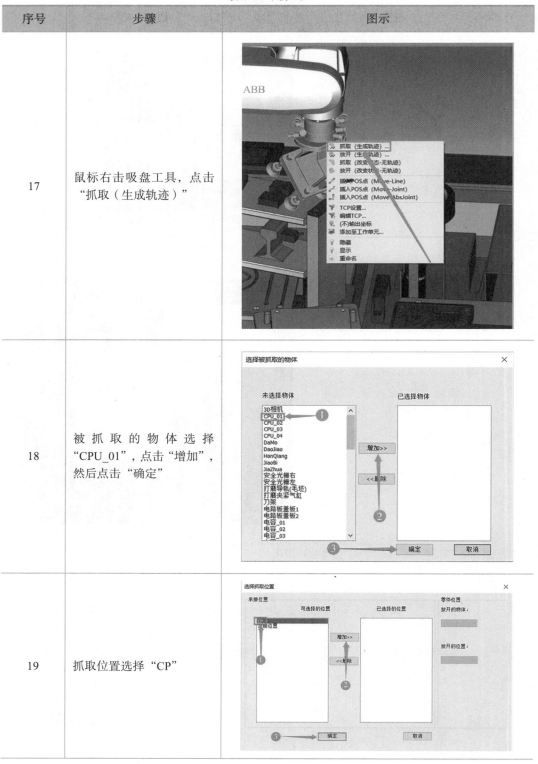
18	被抓取的物体选择"CPU_01"，点击"增加"，然后点击"确定"	
19	抓取位置选择"CP"	

表 5-20（续 7）

序号	步骤	图示
20	入刀和出刀偏移量均为 300 mm，点击"确定"	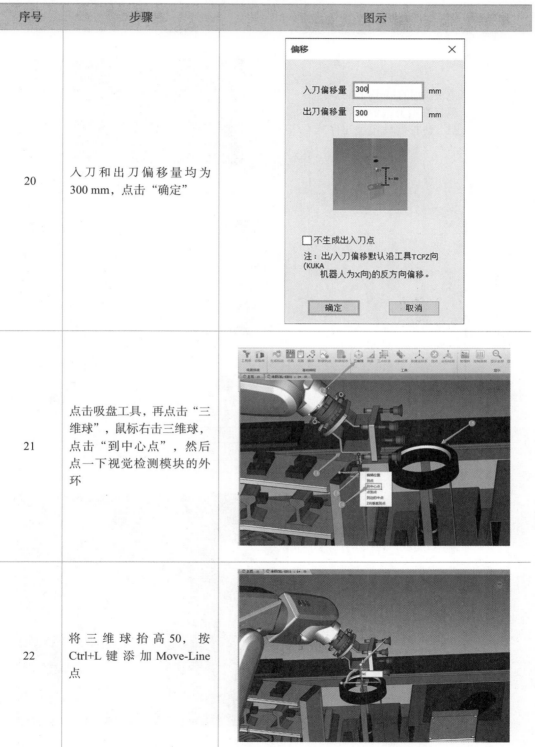
21	点击吸盘工具，再点击"三维球"，鼠标右击三维球，点击"到中心点"，然后点一下视觉检测模块的外环	
22	将三维球抬高 50，按 Ctrl+L 键添加 Move-Line 点	

表 5-20（续 8）

序号	步骤	图示
23	点击添加的 Move-Line 点，鼠标右击分组的最后一个点，点击"添加仿真事件"	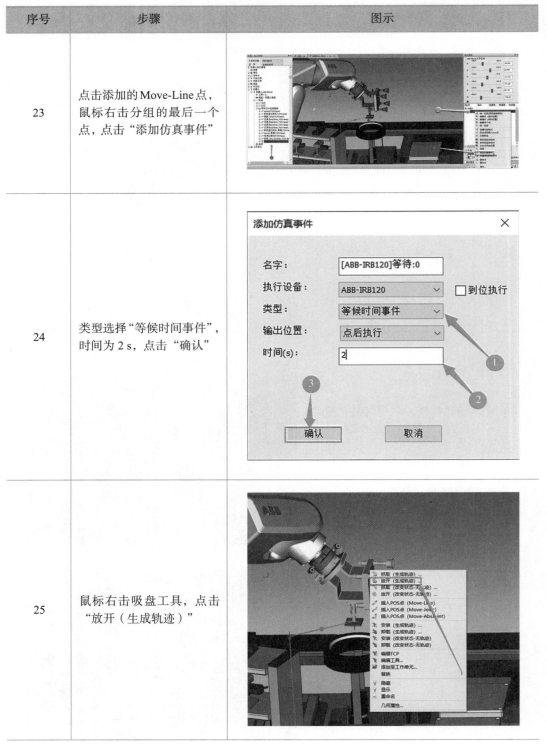
24	类型选择"等候时间事件"，时间为 2 s，点击"确认"	
25	鼠标右击吸盘工具，点击"放开（生成轨迹）"	

表 5-20（续 9）

序号	步骤	图示
26	放开的物体选择"CPU_01"	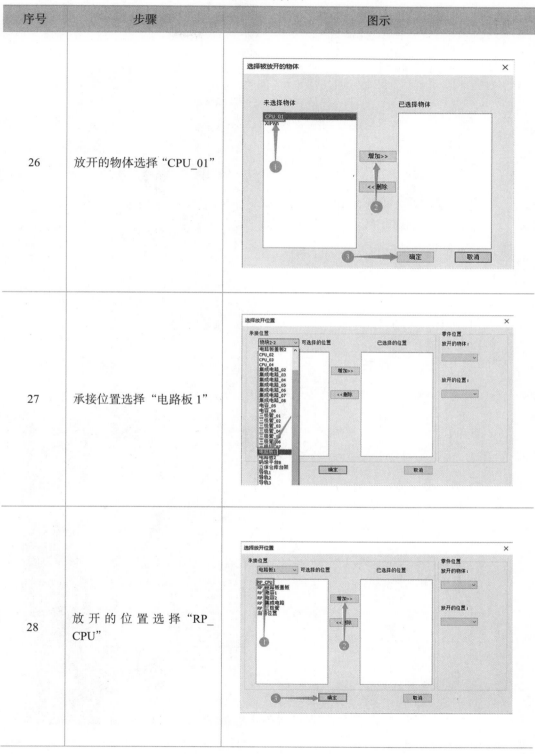
27	承接位置选择"电路板 1"	
28	放开的位置选择"RP_CPU"	

表 5-20（续 10）

序号	步骤	图示
29	入刀和出刀偏移量均为 200 mm，点击"确定"	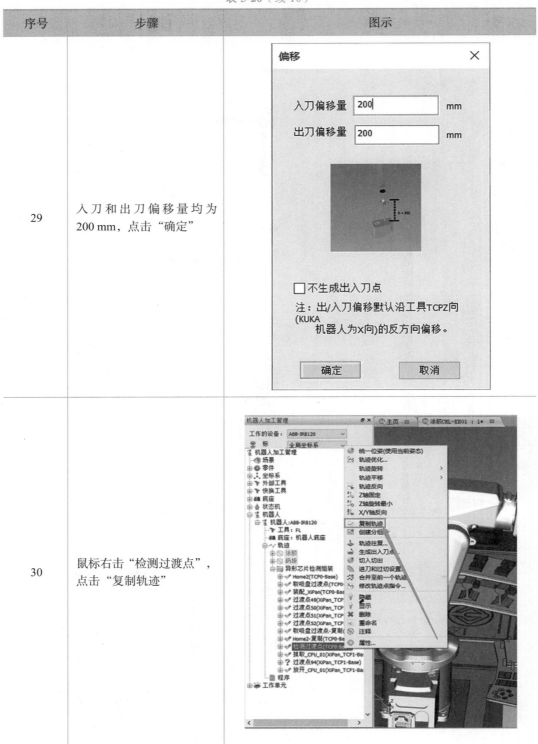
30	鼠标右击"检测过渡点"，点击"复制轨迹"	

表 5-20（续 11）

序号	步骤	图示
31	鼠标右击法兰盘，点击"TCP 设置"	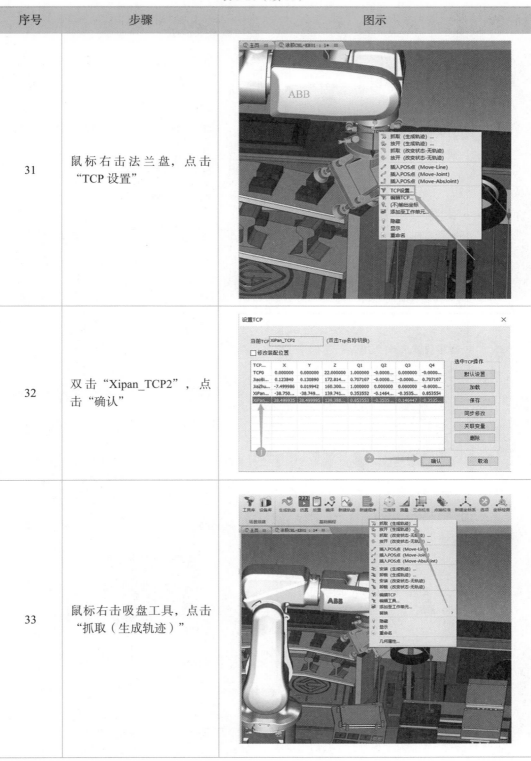
32	双击"Xipan_TCP2"，点击"确认"	
33	鼠标右击吸盘工具，点击"抓取（生成轨迹）"	

表 5-20（续 12）

序号	步骤	图示
34	被抓取的物体选择"电路板盖板 1"	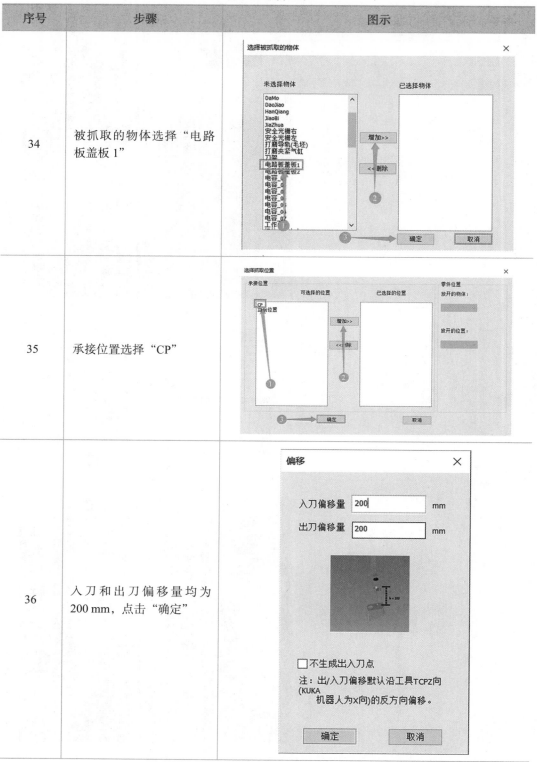
35	承接位置选择"CP"	
36	入刀和出刀偏移量均为 200 mm，点击"确定"	

表 5-20（续 13）

序号	步骤	图示
37	鼠标右击吸盘工具，点击"放开（生成轨迹）"	
38	被放开的物体选择"电路板盖板 1"	
39	承接位置选择"电路板 1"	

表 5-20（续 14）

序号	步骤	图示
40	位置选择"RP_电路板盖板"	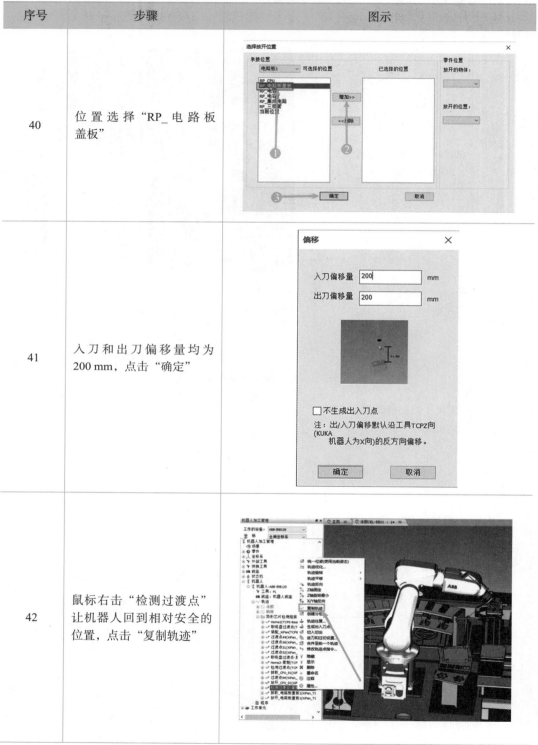
41	入刀和出刀偏移量均为 200 mm，点击"确定"	
42	鼠标右击"检测过渡点"让机器人回到相对安全的位置，点击"复制轨迹"	

表 5-20（续 15）

序号	步骤	图示
43	点击"检测过渡点"鼠标右击分组下的最后一个点，点击"批量添加抓放事件"	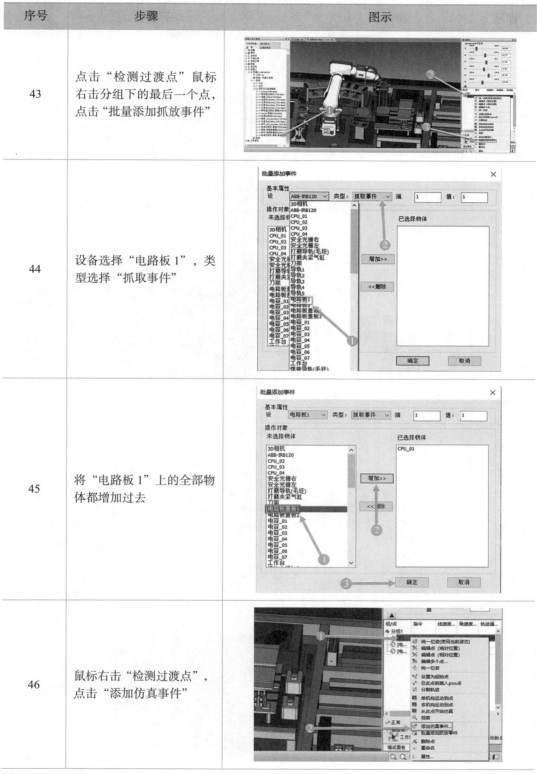
44	设备选择"电路板 1"，类型选择"抓取事件"	
45	将"电路板 1"上的全部物体都增加过去	
46	鼠标右击"检测过渡点"，点击"添加仿真事件"	

表 5-20（续 16）

序号	步骤	图示
47	类型选择"自定义事件"，模板名字选择"左侧芯片伸缩气缸-滑入"，点击"确认"	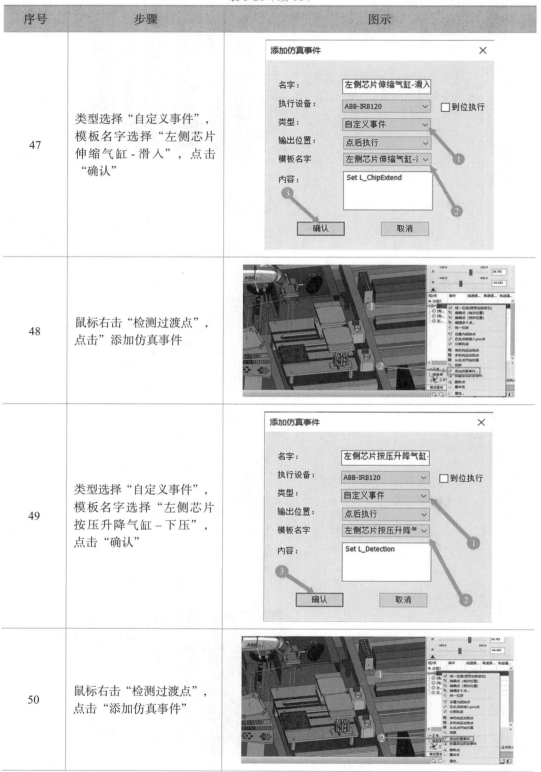
48	鼠标右击"检测过渡点"，点击"添加仿真事件"	
49	类型选择"自定义事件"，模板名字选择"左侧芯片按压升降气缸－下压"，点击"确认"	
50	鼠标右击"检测过渡点"，点击"添加仿真事件"	

表 5-20（续 17）

序号	步骤	图示
51	类型选择"等候时间事件"，时间为 2 s	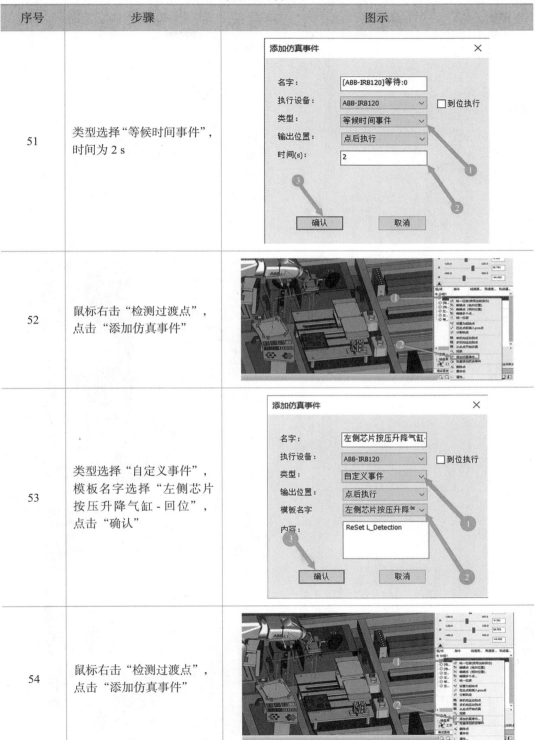
52	鼠标右击"检测过渡点"，点击"添加仿真事件"	
53	类型选择"自定义事件"，模板名字选择"左侧芯片按压升降气缸 - 回位"，点击"确认"	
54	鼠标右击"检测过渡点"，点击"添加仿真事件"	

表 5-20（续 18）

序号	步骤	图示
55	类型选择"自定义事件"，模板名字选择"左侧芯片伸缩气缸 - 回位"，点击"确认"	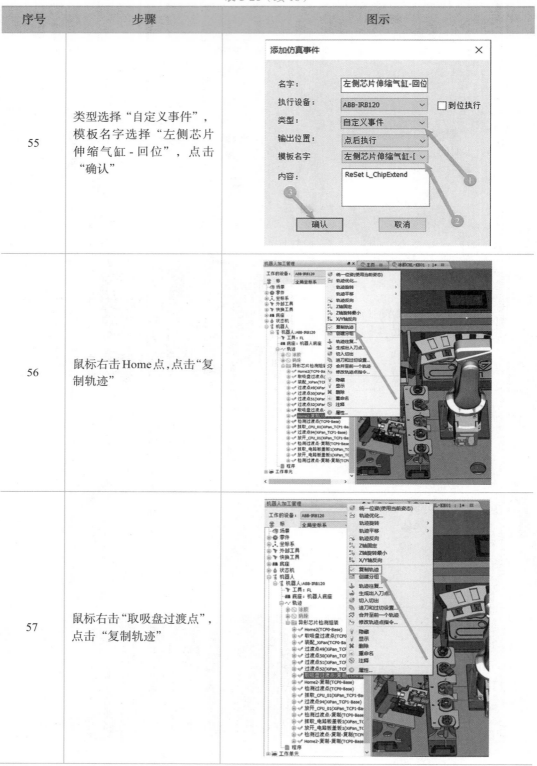
56	鼠标右击 Home 点，点击"复制轨迹"	
57	鼠标右击"取吸盘过渡点"，点击"复制轨迹"	

表 5-20（续 19）

序号	步骤	图示
58	鼠标右击"过渡点"，点击"复制轨迹"	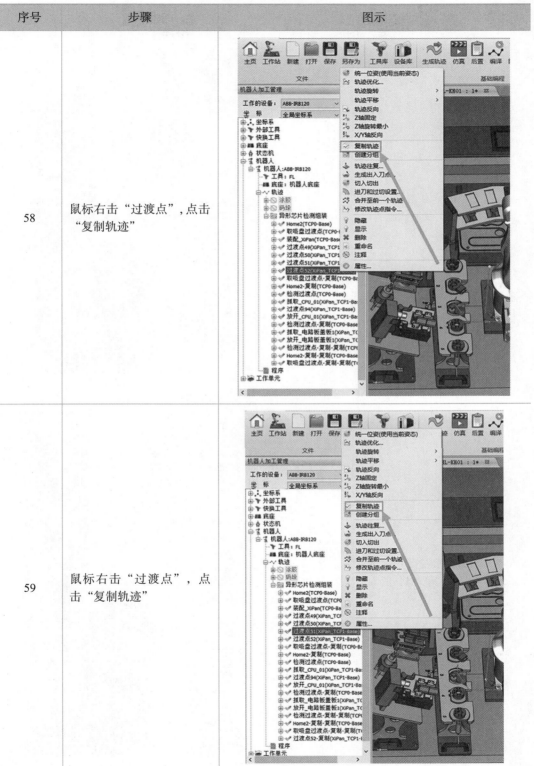
59	鼠标右击"过渡点"，点击"复制轨迹"	

表 5-20（续 20）

序号	步骤	图示
60	鼠标右击"过渡点"，点击"复制轨迹"	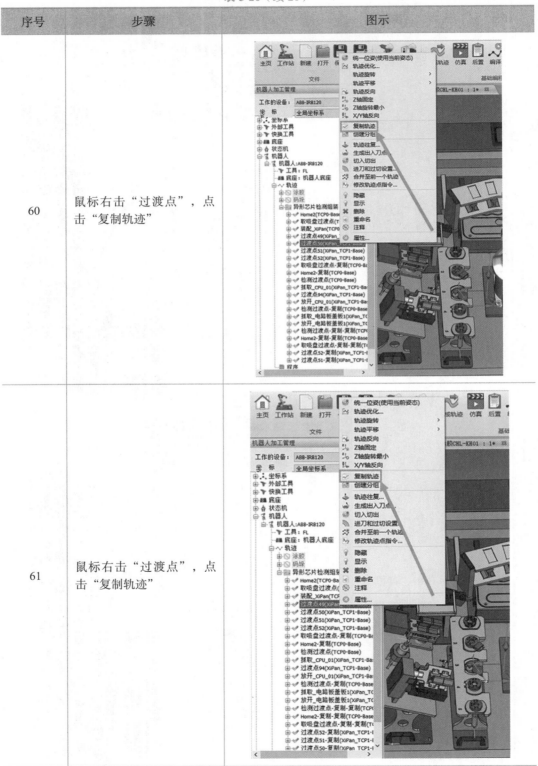
61	鼠标右击"过渡点"，点击"复制轨迹"	

表 5-20（续 21）

序号	步骤	图示
62	鼠标右击吸盘工具，点击"卸载（生成轨迹）"	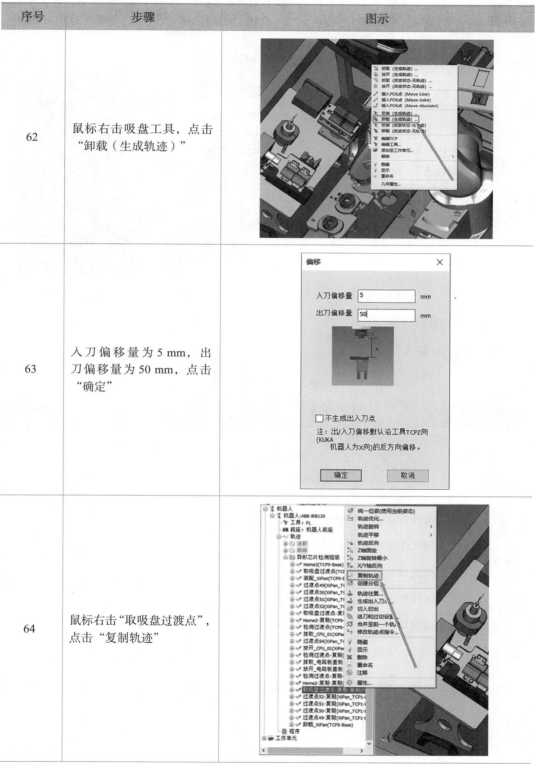
63	入刀偏移量为 5 mm，出刀偏移量为 50 mm，点击"确定"	
64	鼠标右击"取吸盘过渡点"，点击"复制轨迹"	

表 5-20（续 22）

序号	步骤	图示
65	鼠标右击Home点，点击"复制轨迹"，最后点击编译。	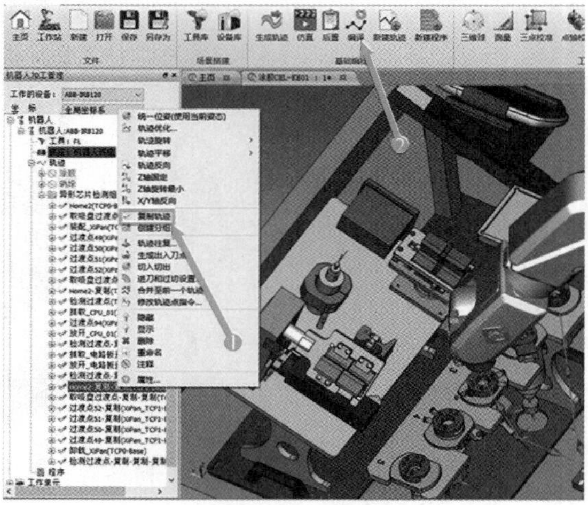

5.4.4　任务评价

任务评价如表 5-21 所示。

表 5-21　任务评价表

项目	内容	配分	得分	备注
团队合作	实施任务过程中有讨论	5		
	有工作计划	5		
	有明确的分工	5		
	系统摆放合理、美观	10		
任务实施	新建工作站与场景搭建	20		
	轨迹生成、仿真与运行	30		
6S 管理	完成操作后，工位无垃圾	10		
	完成操作后，计算机等摆放整齐	5		
安全事项	过程中，无损坏设备及人身伤害现象	10		
总分				

附　录

附表 A　后置元素

迭代器	迭代器（iterator）是一种循环遍历语句。它用来遍历和输出所有含相同数据结构的数据信息。 如所有轨迹点参数
字符	指的是文本、数字、特殊符号等。如 1、2、3、A、B、C、~、！、·、#、￥、%、—、*、（ ）、+ 等
X、Y、Z	表示（点 / 工具 / 坐标系）空间位置坐标值
A、B、C	表示（点 / 工具 / 坐标系）姿态，即绕 X、Y、Z 三个轴旋转的角度值
Q1、Q2、Q3、Q4	3D 图形学中一种表示旋转轴的方法就是四元数，Q1、Q2、Q3、Q4 是其四个量值
圆弧过渡	机器人在转角时采用的一种轨迹策略，即用圆弧轨迹平滑过渡代替走折弯线，避免在转角时出现精确暂停。单位为 mm
轨迹点序号	以当前单条轨迹所有点数为对象来进行排序，从 0 开始
全局点序号	以所有轨迹的点数为对象来进行排序
点指令	轨迹点的运动指令，包括 MoveL、moveJ、moveAbsJ、moveC 四种
关节脉冲	表示机器人关节旋转的角度增量
工具类型	区分工具的类型变量。值为 TRUE：表示该工具为法兰工具或快换工具；值为 FALSE：表示该工具为外部工具
关节角	机器人两个关节之间的夹角，单位为弧度（rad）
点关联的坐标系	指的是表示轨迹点位置所使用的坐标系
点的外部工具坐标系	指的是表示轨迹点位置所使用的外部工具坐标系
默认 IO 事件信息	set（numbers）和 reset（numbers）

附表 A（续1）

模块名	即程序名称，在后置输出时可以对其进行设定，其所在位置如下图： 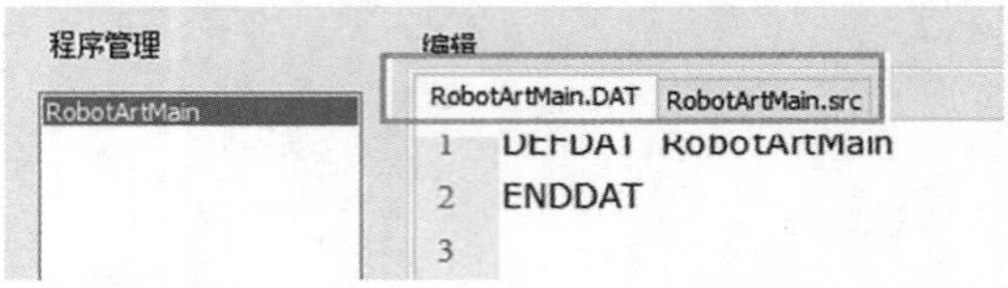
轴配置 S、轴配置 T	KUKA 专用。轴配置即确定机器人各轴的旋转方向，保证机器人逆解的唯一性
轴配置 cf1、轴配置 cf4、轴配置 cf6、轴配置 cfx	ABB 专用的轴配置
轴配置点模式	新时达专用的轴配置
坐标系 Q1、坐标系 Q2、坐标系 Q3、坐标系 Q4	工件坐标系的四元数
点关联的 TCP 名	轨迹点所关联的 TCP 名称
点关联的工具名	轨迹点所关联的工具名称
文件（含点上限）	文件中可生成的轨迹点受限制，一般应用于爱普生机器人。轨迹点数量超过规定限制时，会自动再生成一个文件
IO 值	指的是仿真事件中的端口值（有个链接）
变量端口号	变量所关联的端口号： 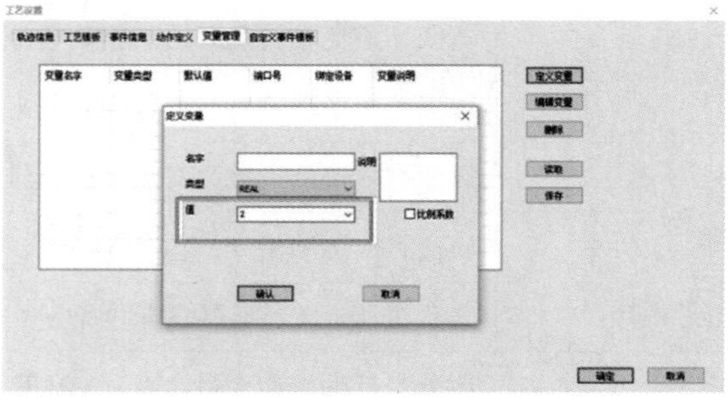
变量 DOUT、DIN、IIN、IUOT、REAL、CARTPOS、RVT-MIN、RVT-MAX	点变量的类型： 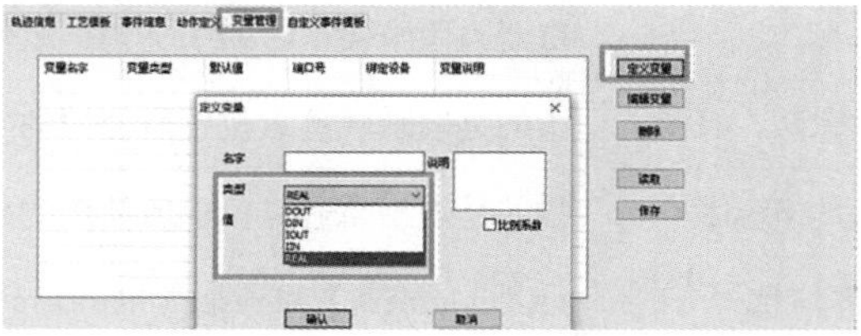

附表 A（续 2）

自定义事件信息	自定义事件中撰写的机器人可执行的文字内容：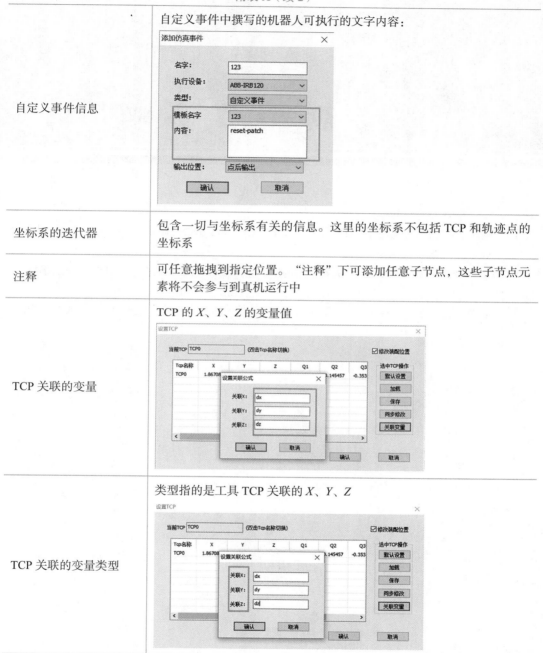
坐标系的迭代器	包含一切与坐标系有关的信息。这里的坐标系不包括 TCP 和轨迹点的坐标系
注释	可任意拖拽到指定位置。"注释"下可添加任意子节点，这些子节点元素将不会参与到真机运行中
TCP 关联的变量	TCP 的 X、Y、Z 的变量值
TCP 关联的变量类型	类型指的是工具 TCP 关联的 X、Y、Z

参 考 文 献

［1］连硕教育教材编写组.工业机器人仿真技术入门与实训［M］.北京：电子工业出版社，2018.

［2］张玲玲，姜凯.FANUC工业机器人仿真与离线编程［M］.北京：电子工业出版社，2019.

［3］韩鸿鸾，张云强.工业机器人离线编程与仿真［M］.北京：化学工业出版社，2018.